幸福等式

幸福与成功沉思录

[荷] 曼弗雷德·凯茨·德·弗里斯 著

（Manfred F. R. Kets de Vries）

丁丹 译

THE HAPPINESS EQUATION:

MEDITATIONS ON HAPPINESS AND SUCCESS

人民东方出版传媒
People's Oriental Publishing & Media

东方出版社
The Oriental Press

图字：01-2018-7999 号

THE HAPPINESS EQUATION: MEDITATIONS ON HAPPINESS (THIRD EDITION) By MAN-
FRED F.R. KETS DE VRIES
Copyright：© Manfred Kets de Vries 2002, 2007, 2017

This edition arranged with KLEINWORKS AGENCY
Through BIG APPLE AGENCY, INC., LABUAN, MALAYSIA.
Simplified Chinese edition copyright：
2018 People's Oriental Publishing & Media Co., Ltd (Oriental Press)
All rights reserved.

中文简体字版专有权属东方出版社

图书在版编目（CIP）数据

幸福等式：幸福与成功沉思录 ／（荷）曼弗雷德·凯茨·德·弗里斯 著；丁丹
译. —北京：东方出版社，2019.6
（曼弗雷德管理文库）
书名原文：The Happiness Equation：Meditations on Happiness and Success
ISBN 978-7-5207-0719-0

Ⅰ.①幸… Ⅱ.①曼… ②丁… Ⅲ.①幸福—通俗读物 ②成功心理—通俗读物
Ⅳ.①B82-49 ②B848.4-49

中国版本图书馆 CIP 数据核字（2019）第 002292 号

幸福等式：幸福与成功沉思录
（XINGFU DENGSHI：XINGFU YU CHENGGONG CHENSILU）

作　　者：[荷] 曼弗雷德·凯茨·德·弗里斯
译　　者：丁　丹
责任编辑：刘晋苏
出　　版：东方出版社
发　　行：人民东方出版传媒有限公司
地　　址：北京市朝阳区西坝河北里 51 号
邮　　编：100028
印　　刷：北京联兴盛业印刷股份有限公司
版　　次：2019 年 6 月第 1 版
印　　次：2019 年 6 月第 1 次印刷
印　　数：1—6000 册
开　　本：880 毫米×1230 毫米　1/32
印　　张：5.375
字　　数：110 千字
书　　号：ISBN 978-7-5207-0719-0
定　　价：58.00 元
发行电话：(010) 85924663　85924644　85924641

版权所有，违者必究
如有印装质量问题，我社负责调换，请拨打电话：(010) 85924602　85924603

献给我的 "野草莓丛"① 里的人物

皮提亚（Pythia）② 会创立现观（Abhisamaya）③ 吗？

---

① 出自电影《野草莓》，"野草莓" 象征着人生甜蜜点——有关幸福快乐时光的回忆。

② 古希腊特尔斐阿波罗神庙中的预言女祭司。

③ 玄奘把 abhisamaya 翻译为 "现观"。

目 录
CONTENTS

推荐序 老板桌后

文/肖知兴

2007 年的现象级电影《穿普拉达的女魔头》中，著名女演员梅里尔·斯特里普塑造了一个典型的精神病态的（psychopathic）女老板：自信自恋，气场强大；沉着冷静，无所畏惧，享受冲突；为达目的不惜一切手段，善于操纵和利用别人，对于自己的非道德行为没有任何歉疚心理。这个女老板的表现，几乎完全符合牛津大学心理学家凯文·达顿在《异类的天赋》一书中对这种类型的人格障碍（personality disorder）的描述。与一般的精神病态相比，这个女老板因为身在时尚行业，还要加上强迫症和控制狂的一些典型症状。一个职场小白，如何在这样变态的一个女魔头的淫威之下讨生存，人们不由得对安妮·海瑟薇扮演的小实习生捏一把冷汗。

《穿普拉达的女魔头》的最后，小实习生毅然决然地放弃了女老板认为"一人之下，万人之上"的职位。在公司门口，女老板与小实习生有一次意味深长的对望。那一瞬间，女老板在想什么？也许她在想"总有一天，你会像我一样"？8年之后，扮演小实习生的安妮·海瑟薇自己也成了大明星，主演了一部《实习生》，果真变成了一个类似的女老板，成天颐指气使，吹毛求疵，看见别人眼中的刺，看不见自己眼中的梁。还好，在罗伯特·德尼罗扮演的"老实习生"的帮助下，这一次，女老板找回了自己，实现了内心的平和与家庭的平衡。

西方文化整体而言崇尚个性、尊重差异，加上大家平均的职业化程度较高，一般人都懂得"don't take it personally"（不是针对你个人，不要太在意）的道理，所以对职场上的精神病态的行为接受度较高。很多明星级的老板如乔布斯、马斯克，身上都有这种施虐型人格的影子。与之相比，中国文化高度重视人际关系的和谐，强调与人为善的传统，对于这种类型的行为模式的接受度总体应该更低。例如，英文形容人是一个"nice guy"，其实是很弱的表扬（如果不是批评的话）；中国人说"谁谁谁是一个好人"，往往是蕴含了强大道德性和情感性内容的一种很高的褒扬，二者完全不在同一个量级上。

　　领导力发展行业的基础是组织行为学的研究，其有效性的前提是，这个人的心理相对比较健康，有基本的自我观照、自我觉察和自我反思能力。所以，这个行业的专业工作者在工作中碰到精神病态等各种人格障碍，是一件很无奈的事情。例如，前不久，一个小有名气的老板来参加我们的一个企业家学习活动。他的公司刚上市，体量可能比当时在场的大多数人的企业大一些。他注意到这个情况后，说话的声音就开始越来越大。在一个同学表达了要成为千亿级企业的梦想之后，他开始抑制不住地嘟囔："什么千亿级企业？你们见过千亿级企业吗？千亿级企业老板都是与什么人交朋友你们知道吗？"云云。大家见过找存在感的人，没见过以这种方式找存在感的人，整个会场，瞬间"石化"。

这种老板，在"dog eat dog"（指强势竞争文化）的西方职场中，也许不算什么大问题；但在注重涵养和城府的中国社会，我可以断定，几乎预示了他将来不妙的结局。当然，语言上的冒犯，与行动上的冒犯相比，算不了什么。最近，中国某著名电商公司创始人的"强奸案"和某著名制药企业创始人的"杀妻案"的各种细节透露出来，大家可以看看这种精神病态发展到行为冒犯层面的时候，能有多么可怕。而社会大众和公共舆论，对这种行为模式的惩罚力度，又将有多大。创业者本来就是比较异类的人，再加上他们肩负各种巨大的压力，他们发生心理健康和人格障碍问题的概率比普通人更大，忽视这个问题，对员工、对企业、对社会都是一个巨大的风险。

关于企业家的心理健康和人格障碍，我的母校
INSEAD（欧洲工商管理学院）的曼弗雷德·凯
茨·德·弗里斯教授是西方学术界绕不过的一座灯
塔。从二十个世纪七十年代开始，他花了近半个世纪
研究这些问题，横跨学术界与实践界，发表了三百多
篇论文并出版了四十多本书，组织了无数高层培训和
咨询项目，影响了欧美国家千千万万的企业和企业
家。他的所有著作的清单，打印出来，最少几十页。
西方一线学者有多敬业、多专注、多勤奋，凯茨·
德·弗里斯是一个非常好的正面典型。

凯茨·德·弗里斯几乎单枪匹马，把 INSEAD 变
成世界领导力研究与发展的中心之一。不为人知的是
他这些年经历的一些艰难的挑战。行为心理学成为西
方学术界主流之后，弗洛伊德的心理分析学成为一个
少数派，甚至被一些人认为是"巫术"。凯茨·
德·弗里斯却一直强调他的心理分析学背景，和基于
心理分析学的心理动力学（psychodynamics）及心理
治疗学（psychotherapy）范式，可以想见，主流心理

学学术圈是怎么看他的。自从 80 年代他与著名组织学者 Dan Miller 在主流学术期刊发表《神经质组织》后，主流心理学界、组织学界基本就找不到他的名字了。

还要一个原因是，凯茨·德·弗里斯的写作风格基本沿袭的是欧洲管理学界的传统，偏人文，偏跨学科，行文常常是旁征博引，如入无人之境，与美国 A 级学术期刊的偏定量、偏专业术语，讲究"无一字无来历"的行文风格，形成鲜明的对比。所以，他的文章，一般都发表在偏欧洲风格的学术期刊（如 *Organizational Dynamics*，*Human Relation*）上；他的书的出版者，一般也不是那些有严格的同行评审程序的学术出版社（如西方主要大学的出版社）。

我在 INSEAD 读博士时，凯茨·德·弗里斯不在组织行为学（Organizational Behavior，OB）系，而是在创业与家族企业系；不是核心的、行使各种学术权力的 tenue-track professor（终身轨教授），而是相对边缘的 clinic professor（临床教授或实践教授），可以想见他在学校地位的尴尬。过来人告诉我，有一段时间，他甚至差点面临被学校解聘的情况，幸好当时在 INSEAD 的另外一位管理大师明茨伯格及时出手，危机才算化解。

当时，我们这些少不更事的博士生，每天浸淫在典型的美式研究的各种套路当中，对于凯茨·德·弗里斯的遭遇，还不免有些轻薄之心，就像财务、运营等定量学科，嘲笑偏定性的 OB 代表的是 "Organizational Bullshit" 一样。定量研究嘲笑定性研究，正式模型嘲笑数理统计，大家人云亦云地一起跟着鄙视链走，哪里知道这种鄙视和反鄙视背后的辛酸与无奈。多少年轻的学术梦想，在这种狭隘的对峙中灰飞烟灭。

当然，与德鲁克长期得不到学术界的接受，甚至直到今天仍为一些人所轻薄相比，凯茨·德·弗里斯这点尴尬，就算不了什么了。西方管理学界的这种理论界与实践界、理论知识与实践知识相互脱节的奇怪情况，也是管理有多复杂，管理学有多复杂的一个很

7

好的注脚。权力、派系、资源……象牙塔内的斗争，甚至比象牙塔外面还要更为激烈、更为不择手段、更为"精神病态"。所以，如果没有一定的使命感与责任感的支持，大家还是离这个学科远一点为妙。

学术界倾向于认为，信息技术的发展、传播的便利、各种娱乐方式的大繁荣、全球化导致的竞争加剧，也许都在某种程度上加大了人们平均的精神变态的程度，或者说，至少是加大了人们对各种精神变态的接受程度。例如，第一代硅谷创业者如 Dave Packard、Bill Hewlett（惠普公司创始人）、Andy Grove（英特尔公司前 CEO）看起来都是温和儒雅的谦谦君子，到了乔布斯、马斯克时代，却仿佛印证了 Andy Grove 的那句话：唯有偏执狂才能生存，唯有偏执狂才能成功。对事的偏执狂，大家容易接受；对人的偏执狂，就离人格障碍和精神病态不远了。

难道这个世界必然要被《穿普拉达的女魔头》那样的疯子、变态和怪人所主导？我倾向于没那么悲观。心理学的维度之外，还有一个神学的维度。我写下这篇文章的时候，巴黎圣母院刚刚燃起熊熊大火。与很多人认为这标志着法国和欧洲信仰的失落相反，我反而认为这也许是他们的宗教文化之复兴的一个转折点。这种宗教文化，强调英国作家 C. S. Louis 所定义的 agape（上帝之爱、无缘无故的爱）的力量，对于维护人们的心理和精神健康，遏制精神病态尤其是企业界的精神病态扩散的趋势，将起到一般中国人难以想象的巨大作用。

反倒是我们中国有些人，好像除了对金钱，包括金钱代表的地位和金钱所能购买的东西以外，对其他东西，都鲜见坚定的信仰，未来将如何应对这个问题，更让人担心。大火之后，巴黎圣母院的主体结构还在，我们的"巴黎圣母院"呢，早就不知道经历过多少次大火了。我在《以热爱战胜恐惧》中总结的正念、良知与天命三个概念，算是在文化的废墟里努力拣起一些相对完整的碎片吧。这样一片瓦砾遍地、尘土飞扬的土地上，技术演进的巨轮还在越转越快，娱乐至死的文化还在愈演愈烈，没有底线的资本用更大的力量让用户上瘾，看那一张一张麻木的脸，因为过度使用电子产品而逐渐失去血色。这些东西，将把我们带向何方？

我没有答案。

（作者为领教工坊联合创始人）。

序 言

也许它们不是星星，而是天堂的裂口。我们逝去的亲人，把爱从这些裂口倾泻下来，撒到我们身上，让我们知道，他们是幸福的。

——因纽特谚语

一个人最好是笑对人生，而不是对它忧心忡忡。

——塞涅卡（Seneca）

幸福就是你的所思、所言、所为都处于和谐的状态。

——圣雄甘地（Mahatma Gandhi）

　　大约二十多年前，我就写了《幸福沉思录》。跟我的大部分作品一样，这本书总结了我的个人体验。年纪渐长，我越来越懂得幸福的短暂性。人生堪比乌云密布的天空。云开雾散，阳光就照耀着我们，让我们觉得幸福。但这种感觉持续不了多久。乌云无时不在，当乌云遮住阳光，就会让我们情绪低落。但是，然后，十有八九，太阳会再次出来。阳光和乌云这样交替出现，让我们的人生充满大悲大喜。幸福是短暂缥缈的体验。我们要做的就是，在幸福到来的时候，意识到我们是幸福的并充分享受这一刻。我们不该放弃或失去希望；无论是现在还是将来，幸福总在某个地方。

　　最初写这本书的时候，我并非处在最幸福的时刻。打那以后，我在《传道书》（*Ecclesiastes*）的诗句中找到了慰藉："因为多有智慧，就多有愁烦。增加知识的，也增加忧伤。"现在，过了我自己人生的"黄金时期"，我好像更推崇中国人对幸福的定义了：有人可爱、有事可做、有所期盼。年轻的时候，我们觉得自己是不会死的，但是，到了一定的年纪，我们就开始意识到世事无常。年纪越来越大，我们就会越来越意识到，明智的做法是从生活中的小事当中寻找幸福。但是，为了能够做到这点，我们必须审视自我。幸福始自内心。我们的幸福，往往由我们自己制造。我们太容易陷入消极状态，忘了盘点我们值得高兴的事情。

不幸福，代价高昂。很多关于幸福的研究证实了这一点。例如，根据世界卫生组织（World Health Organization）的数据，世界人口有很大一部分是不幸福的。抑郁和其他心理健康问题无处不在。这种境况需要加以改变，因为幸福的人更健康，不论是心理上还是身体上。原因如下：幸福的人更会应对压力和创伤，更有精力，更坚韧；他们免疫系统更强大，因此生病可能性较小，潜在寿命较长；他们人际关系更好，人际网络更发达，朋友更多，更有可能拥有美满婚姻（包括离婚率更低）；从领导力的角度来看，幸福的人更高产、更具创造力。从这些研究当中，我们可以得出一个结论：幸福不是奢侈品。幸福与否严重影响生活质量。这意味着，我们应该积极地探索幸福等式。

　　教人如何变得更加幸福，可能吃力不讨好，因为大家对幸福源泉各有看法。但是，我还是准备冒险提出幸福秘方的四个基本成分。但是为了让秘方生效，我们必须首先接受一点：我们的幸福，由我们自己负责制造。幸福是个选择问题。幸福是门内修功夫。幸福不是现成的；幸福并不取决于地位、权力、威望、金钱。我们必须制造幸福。

　　第一，建立并维护一个由亲朋好友构成的支持网络。人际关系的质量是幸福的一个基本成分。家人像朋友一样、朋友变成了家人，是良好迹象。第二，我们必须能够管理嫉妒情绪。在七宗罪当中，嫉妒是没有丝毫乐趣的一种罪。嫉妒是种传染病。心生嫉妒，就像给自己下慢性毒药。如果我们只是盘点别人值得高兴的事情，不盘点自己的，那么我们就会烦恼。只有不再与别人攀比、学会满足于自己已经拥有的，我们才会找到幸福。第三，我们必须有意识地学会原谅。对过去的事耿耿于怀，是给自己下另外一种毒药。原谅意味着与过去讲和。它是力量的源泉，是献给自己的礼物，可以让我们解脱。原谅尽管不会改变过去，但是可以为更好的未来打下基础。不原谅，我们只能陷入"怨恨—报复"的死循环。第四个成分是感恩。盘点我们值得高兴的事情、对他人表示感谢，可以改善我们的心理状态。幸福的秘诀之一就是让别人幸福，因为幸福更多地取决于给予而非索取。

我曾经在出差华盛顿特区（Washington D. C.）期间，参观了菲利普收藏馆（Phillips Collection）。展出的画作中有皮耶-奥古斯特·雷诺阿（Pierre-Auguste Renoir）的《船上的午宴》（*The Luncheon of the Boating Party*）。这幅画捕捉的是这么一幅景象：一个悠闲的下午，雷诺阿的朋友们在一个可以俯瞰塞纳河的阳台上品尝美食美酒、谈笑风生。显然，他们享受彼此的陪伴，他们是幸福的。雷诺阿在这幅画里捕捉到的东西，与我曾经讨论过的一体感很相似。我希望，我们所有人在某些时候都能体验到这种一体感。我还希望，本书的新版会给读者带来一些乐趣，包括幸福。

关于作者

在已被广泛研究的领导力和个人与组织动力学领域，曼弗雷德·F. R. 凯茨·德·弗里斯教授引入了全新的观点。凭借他在经济学（经济学博士学位，阿姆斯特丹大学）、管理学（国际教师项目参与者、MBA 和 DBA 学位，哈佛大学商学院）以及精神分析学（加拿大精神分析学会、巴黎精神分析学会和国际精神分析学会）等领域的知识和经验，弗里斯教授仔细研究了国际管理、精神分析、心理治疗、动态精神病学和高管教练之间的关系。他感兴趣的具体领域包括领导力、职业动态学、高管心理压力、创业精神、家族企业、企业继承计划、跨文化管理、高绩效团队建设以及企业转型和变革的动态变化。

弗里斯教授是欧洲工商管理学院（INSEAD，在法国、新加坡和阿布扎比开设有分校）领导力发展和组织变革领域的杰出临床教授。他是 INSEAD 全球领导力中心的创始人。该中心是世界上最大的领导力发展中心之一。此外，他还是欧洲工商管理学院高级管理课程"领导力的挑战：培养你的情商"项目的主任，以及管理学硕士项目"带来变革的咨询和辅导"的负责人，并曾五次获得该学院的杰出教师奖。他还是柏林欧洲管理与技术学院（ESMT）领导力发展研究领域的杰出客座教授。他曾在麦吉尔大学、蒙特利尔高等商业学院和哈佛商学院担任教授，并在世界各地的管理机构讲学。

英国《金融时报》《经济学人》，法国《资本》杂志，德国《经济周刊》都将弗里斯教授评为全球顶尖的领导力研究学者。他名列"全球最具影响力的 50 位管理思想家"，并被认为是在人力资源管理领域最有影响力的人物之一。

弗里斯教授是 40 多本书的作者、共同作者或编辑者，包括《神经质组织：诊断并改变不良管理风格》

《领导、傻瓜和骗子》《管理快车道上的生与死》《领导的奥秘》《幸福等式》《领导者是天生的吗》《俄罗斯新商业精英》《恐惧领导力：阁楼上的夏卡祖鲁》《全球高管领导力清单》《教练与沙发》《沙发上的领导》《沙发上的家族企业》《性、金钱、幸福与死亡》《性格与领导力反思》《领导力与职业生涯反思》《组织的反思》《领导力教练万花筒》《刺猬效应：打造高绩效团队的秘诀》《正念领导力》。还有几本书在准备中。

此外，弗里斯教授已经发表了 400 多篇学科论文，包括书籍中的章节和独立文章。他还撰写了大约 100 个案例研究，其中 8 个案例获得了"ECCH 年度最佳案例奖"。他是许多杂志的固定撰稿人。他为《哈佛商业评论》和《INSEAD 知识》写作博客。他的文章刊登在《纽约时报》、《华尔街日报》、《洛杉矶时报》、《财富》、《商业周刊》、《经济学人》、《金融时报》和《国际先驱论坛报》等刊物上。他的书籍和文章已被翻译成 31 种语言。

弗里斯教授是《管理学会》编委会的 17 个成员

之一，并当选为管理学学会的会员。他是国际精神分析研究组织（ISPSO）的创始成员，并被授予终身会员资格。由于对领导力研究和发展的杰出贡献，他也是获得国际领导力协会终身成就奖的第一位非美国人；他被认为是世界领导力发展领域与规范的创始学者之一。由于他对咨询领域的贡献，美国心理学基金会授予他哈里和莱文森奖（组织咨询方面）的荣誉。在荷兰，他因其在管理和精神分析领域的贡献而被授予弗洛伊德奖。他还获得了哈佛领导力辅导学院的卓越远景奖。此外，他还获得了两个荣誉博士学位。

弗里斯教授是美国、加拿大、欧洲、非洲和亚洲顶尖公司在组织设计、转型和战略性人力资源管理领域的顾问。作为领导力发展领域的全球顾问，他的客户来自 ABB、荷兰银行、埃森哲咨询、荷兰全球人寿、法国液化空气公司、加拿大铝业、阿尔卡特、阿布扎比先进技术投资公司、贝恩咨询、奥陆芬音响、邦尼集团、英国石油公司、凯恩酒店集团、德意志银行、爱立信、通用电气资本、高盛、喜力、哈德森、联合抵押银行、天达、毕马威、乐高、利宝保险、汉莎航空、灵北制药、麦肯锡、澳大利亚国家银行、诺基亚、诺华制药、诺和诺德、起源、南非米勒酿酒、壳牌、喜威、史宾沙、南非标准银行、三方对话银行、联合利华和沃尔沃汽车。作为一名教育家和顾问，他曾在40多个国家工作过。在担任顾问期间，他还是 Kets de Vries 研究所（KDVI）的创始人。该研究所是一家从事高端领导力发展咨询的公司。

荷兰政府授予他奥兰治-拿骚官佐勋章。他是第一位在蒙古国飞钓的人，还是纽约探险家俱乐部的成员。在工作之余，他的足迹遍布非洲中部的雨林与草原、西伯利亚的针叶林、帕米尔高原和阿尔泰山、阿纳姆地乃至北极圈。

第1章

引 言

一个人永远不像他想象的那样不幸，也不像他希望的那样幸福。

——弗朗索瓦·德·拉罗什富科公爵
（François De La Rochefoucauld）

生活就像洋葱：一层层地剥开，不经意间泪流满面。

——卡尔·桑德堡（Carl Sandburg）

生和死都没得治，只有享受两者之间的那段。

——乔治·桑塔亚纳（George Santayana）

"动物只要身体健康、食物充足，就是幸福的，"伯特兰·罗素（Bertrand Russell）在《论幸福》（*The Conquest of Happiness*）里写道，"人类，曾经也是如此，但在现代社会就不是这样了，起码在绝大多数情况下不是这样。"人们只有在感到"部分生命之流"的时候才会觉得幸福，他观察到，"没有哪个实体能像撞球一样不和其他任何实体发生任何除碰撞外的关系。"换句话说，人需要别人。如果我们想要幸福，我们不该去镜子里寻找，而是需要看向窗外。

不幸的是，太多人就像罗素所说的撞球那样，退缩，不和人打交道，以自我为中心，像身处孤岛一样，盯着镜子而不是看向窗外。最终，通过极端的个人主义，他们给自己建造了一座实实在在的监狱，给自己编织了一个不幸的牢笼。他们陷入神经质的想法，不仅让自己痛苦，而且让别人痛苦。而且，他们不知道如何释放自己。他们没办法让自己变得幸福；他们不知道如何对自己好。

在电影《野草莓》（*Wild Strawberries*）里（这部

电影实际上是部自传），著名电影大师英格玛·博格曼（Ingmar Bergman）讲述了一位名叫伊萨克·博格（Isak Borg）的老人的故事。博格身处两个旅程：一个从斯德哥尔摩（Stockholm）到兰德（Lund），去接受荣誉博士学位；另外一个是心灵之旅。从表面上看，伊萨克·博格是个非常成功的男人，一个受人尊敬的医学博士兼科学家。然而，他的个人生活却是另外一幅图景。博格与高龄母亲的关系缺乏温情，与父亲的关系是一片空白（图景里完全没有这一块）；博格与哥哥的关系，原本就不怎么好，现在基本没有来往；博格的婚姻也不幸福，妻子有了外遇，以离婚收场；博格与唯一儿子的关系也很疏远。更糟的是，儿子与他的关系模式似乎重复了他与父亲的关系模式："冰冰有礼"。随着电影的展开，我们会看到，毫不奇怪的是，博格的人生观变得越来越黯淡，他对整个人类都很悲观。看到自己的生活变成这个样子，他痛心疾首，变得退缩，基本上不和人打交道。

从斯德哥尔摩到兰德的旅途中，博格——由儿媳陪着，她就像但丁（Dante）的碧翠斯（Beatrice）一样，扮演着向导的角色——碰到许多熟悉的场景，勾起他对过去生活的回忆。这些回忆大部分围绕人生关键事件展开，很多是不开心的。为了对抗这些回忆引发的情绪反应，避免被焦虑和痛苦打倒，博格试着回忆开心的事情，也就是试着找回他的"野草莓丛"（呼应电影片名）。野草莓象征着人生甜蜜点——有关幸福快乐时光的回忆。幸福快乐的时光是短暂的，我们所有人都想牢牢记住这些时光。随着旅途的展开（博格也回忆了一系列塑造其性格的生活事件），他的人生观开始转变。他变得更开心、更风趣了，他试着和人打交道。不幸的是，他的转变来得太晚了，他已经到了人生暮年。

思考有关幸福的问题，会让人追忆往事。这本《幸福沉思录》的写作过程，将我带回到自己人生中的"丛丛野草莓"，也将我带回到人生之旅中遇到的"丛丛荆棘"。回忆起自己的故事，我与伯川德·罗素的文章和英格玛·博格曼的电影产生了许多共鸣。毫不奇怪的是，写与幸福有关的文章，对我来说，是一件矛盾的事情。一方面，我能在写作中找到极大的乐趣，有的来自写作的审美面（创造某种有形的东西），有的来自写作的实际面（创造某种有意义的东西）；另一方面，思考幸福这个问题，不可避免地启动了我的心灵之旅，它不时地让我在写作中获得的满足相形见绌。

我希望我能在这本书里为追寻幸福的读者指点一些迷津。幸福是个难以定义的话题。悲伤的情感要比所谓的积极情感容易处理得多，因为悲伤的情感要明确得多、具体得多。尽管精明的商人们可能觉得遗憾，但是幸福是不能在交易所买卖的。幸福没法定价。它非常缥缈，非常难以捉摸。幸福来得突然，溜得也快，往往是完全意外的礼物。尽管幸福稍纵即逝，但是追求幸福是人类关注的主要事情之一。我将从多个角度探讨这个话题。我的态度是，就幸福这个难以捉摸的话题而言，多少澄清一些好过完全避而不谈。

　　尽管很少有人在个人简历或公司规划中把幸福列为奋斗目标，但是我们难以脱离事业发展讨论这个话题。多年以来，作为领导力开发和人力资源管理教授，我做过很多研究，也做过很多演讲，主题涉及人类生命周期、职业生涯发展、领导力、组织变革与个人转变，以及个人压力与组织压力。我听过很多经理人讲述他们在职业生涯发展中的挣扎。而且，作为心理治疗师和精神分析师，我帮助过人们理解他们的人生之旅，尝试充当他们内在和外在旅程的向导。在每个角色中，多年以来，我看到幸福一次又一次地作为关键主题冒出来。世界上所有的人，从高级写字楼的白领，到流水线上的工人，都想知道，我要怎样做才能变得更加幸福？我要怎样做才能提高生活质量？我的工作和关系出了什么问题？有没有什么办法让我"修复"自己制造的矛盾？没有什么东西比没有预设答案的问题更能引发教育者的想象了。

　　在接下来的几章，首先，我会试着从我们浩渺的文化中提炼出幸福的一般定义。然后，简要介绍一下幸福研究后，我会转向中国人的那句说法：幸福就是"有人可爱、有事可做、有所期盼"。三个维度我会一一考察，试着探讨爱、事业、希望三个主题。这之后，我会转而探讨工作生活平衡，考察外在成功与内在成功的关系。我还会结合幸福讨论比较和嫉妒的作用，"玩耍"在生活中的重要作用，压力与健康的关系。最后，在总结的过程中，我会探讨人类的"探索性"需要——追求真诚、寻求意义、了解自己的需要。最后一节，我会就智慧的获得发表一些见解。

我决定在这里采取一种稍微不同的方法来阐述我的思想。我不会大量引用科学研究，而会说得相对通俗——这种方法可能会吓坏我那些崇尚科学方法的同仁。这本书阐述的思想大多是我个人对幸福的思考。尽管如此，但是那并非意味着这些思想必然不具普遍意义，因为这些思想借鉴了我多年以来深入钻研的大量文献，特别是精神分析、社会心理学、发展心理学、家庭系统理论、认知理论和心理治疗方面的文献。出于种种原因，我越来越觉得我需要写写这个话题。但是，我怀疑，如果我用传统的、学术的方法探讨这个话题，那么我的结论不会触动读者——不能帮助读者提高幸福指数。所以，我特意采取一种比较随意的方法。我希望读者原谅我抛却惯有的严谨。而且，尽管我对幸福的思考是有依据的，但是如果本书有些言论不具普遍意义，我愿承担全部责任。

第 2 章

难以捉摸的幸福概念

生命是什么？——计时的沙漏

朝阳的薄雾

重复出现、熙熙攘攘的繁梦

它的长度？——片刻停顿，片刻思索

那么幸福呢？如溪流里的水泡

伸手抓住，它却化作泡影而去。

　　　　　　——约翰·克莱尔（John Clare）

《英国人的壁炉旁之"生命是什么?"》

("*What is Life?*" *The Englishman's Fire-Side*)

幸福很少接踵而至。

　　　　　　——保加利亚谚语

　　法国哲学家让·德·拉布吕耶尔（Jean de la Bruyère）曾经说过："对一个人来说，人生只有三件大事：生、活、死。生的时候他不知道，死的时候他遭受痛苦，而他忘记要活着。"显而易见，德·拉布吕耶尔非常悲观，他不会"享受生与死之间的那段"。和他不一样，我在此的目标就是，**重点关注**生与死之间的那段，致力于更好地理解幸福到底是什么。

　　所有人都渴求幸福。古希腊人深谙这一点，围绕幸福形成了一套自我实现理论：幸福论（eudaimonism）。"eudaimonia"，字面上的意思是"高昂的情绪"（eu 加 daemon），经常翻译为"幸福"。在《尼各马可伦理学》（*Nicomachean Ethics*）中，亚里士多德（Aristotle）审视了一系列人类体验。按照他的说法，人类的最高体验——也是唯一的真正激情——就是幸福。他将幸福定义为"灵魂从善"，认为幸福就是善，是灵魂的一种活动。亚里士多德将人类对幸福的追求看作人类最重要的追求——人类活动的终极目标。幸福是可以达到的，他说，通过秩序井然的生活方式，通过从事最适合自己的职业。但是，他意识到幸福绝不容易达到。他的原话是，"一只燕子成不了夏天，一个晴天也成不了夏天。同样，一天或几天的幸福也不能让一个人一辈子幸福。"

人类对幸福的追求并没有随着古希腊时期的结束而终止，而是持续了数世纪。我们甚至能在美国《独立宣言》(*Declaration of Independence*) ——正式的政治文件——中找到这样的语句：人类不可剥夺的权利之一就是"追求幸福的权利"。讽刺的是，文件的主要起草人托马斯·杰弗逊（Thomas Jefferson）是个非常忧郁的人，对追求幸福了解甚少。(而且，当然，我们知道，**追求**幸福与**达到**幸福是十分不同的。)

很多心理学家用**自我实现**（self-actualization）、**高峰体验**（peak experience）、**个体化**（individuation）、**成熟**（maturity）、**流动感**（sense of flow）、**主观安适感**（subjective well-being）等字眼来阐释幸福，试图让幸福的含义更加具体。对大多数研究这些课题的学生而言，这些标签意味着，生活总体上是好的、令人满意的、有意义的。不幸的是，幸福——不管我们给它什么标签——似乎只是一个理想。很多情况，比如疾病、受伤、缺乏教育、市场需求不足、政府政策不允许，都可能阻止我们从事最适合自己的职业。尽管困难重重，但是对我们大多数人而言，追求幸福是存在的终极目标；它给予我们希望以及活着的理由，让我们即使生活艰辛也继续活下去。

那么为什么，尽管几乎所有人都追求幸福，但幸福仍是一个神秘的概念？为什么我们如此热衷于描写幸福却发现无从描写？是因为我们尚不知道答案还是因为**根本没有**答案？有些写过幸福的人甚至认为这是个不该探索的主题。例如，英国作家吉尔伯特·切斯特顿（Gilbert Chesterton）写道："幸福犹如宗教，是一种神秘的东西，永远不要对它加以理性的阐释。"他宁愿不再深入探索，因为他觉得没有答案。美国作家纳撒尼·霍桑（Nathaniel Hawthorn）说："幸福就像一只蝴蝶，你越是追逐，它飞得越远；然而当你的注意力转移到其他事情上的时候，它又会飞回来，轻轻地落在你的肩上。”

但是，不管幸福是不是个谜，还是有人时不时地试图解构一下。例如，有些人认为幸福不是一种地方，也不是一种状况，而是一种心境，是某样发自内心的东西——是想象出来的，如果你愿意的话。("幸福是内心世界的产物"这一观点广为人们接受，这也许是幸福之所以带有神秘色彩的一个原因吧。) 另一方面，人们知道，心理治疗师把幸福与早期童年的"失乐园"相提并论。早期童年的"失乐园"，指的是模糊记忆中与母亲之间一种"海洋般的感觉（oceanic feeling）"，也就是与母亲完全融和，彼此没有界限。他们注意到，他们的很多病人都说想找回记忆中那种曾经熟悉的、神秘的一体感——这种记忆只能停留很短一段时间，稍纵即逝。这一点体现在人类从天堂坠落的圣经故事里：亚当与夏娃被逐出伊甸园，让追求幸福成为必然。

但是，有些精神病学家和神经学家，对幸福的看法更为悲观。他们认为幸福不过是一种生理反应，是身体化学反应的产物，是神经递质激发的结果。这种观点引起了一场辩论，主题是由百忧解等药物引起的幸福是不是真的。如果两种情绪**感觉**起来是一样的，而且有着同样的化学源头，那么这两种情绪就**真的**是一样的吗？幸福就是这个？我们对幸福的探索就该到此为止吗？

大多数研究幸福的人，不管支持哪种取向，都认为幸福不是常客，只会偶尔眷顾我们。然而，有不少人，如果被问到，会说他们基本上是幸福的——不过时强时弱。那么，或许，我们应该把幸福比作多云天气的太阳，尽管它只是偶尔露个脸，但是我们知道它一直在那儿。而且，如果我们去追逐太阳，它就会远离我们。尽管这可能很挫败，但是它让我们有了奋斗目标。

讽刺的是，偶尔出现、不是常态正好是幸福的一个优点。一直处于幸福状态，往好了说是单调，往差了说是噩梦（就像一直处于高潮状态一样）。实际上，声称自己一直很幸福的人可能会被精神病学家诊断为轻度躁狂，或者遭到他们的驳斥。换句话说，他们幸福**过度**了。有起有伏才能让我们的体验显得丰富，有黑暗才能衬托光明。正如但丁在《神曲·地狱篇》[*The Divine Comedy（The Inferno*）] 中所说的那样："没有什么比痛苦时怀念幸福更悲伤了。"我们很多人发现没有痛苦就没有快乐，就像没有悲伤就没有欣喜一样。卡尔·荣格（Carl Jung）也有同感，他说："即使幸福的生活也不可能没有一丝阴暗，没有'悲哀'提供平衡，**幸福**一词就会失去意义。耐心镇静地接受世事变迁，是最好的处世之道。"没有地狱的天堂是不可想象的。我们需要两极，我们需要对比。但丁在**地狱**停留那么久，而很快穿过**天堂**，是有充分理由的。

论证了幸福的无形和短暂之后，我们还能说些其他的吗？幸福由什么组成？我们不能明确回答这个问题，因为幸福对不同的人而言意味着不同的东西。幸福是种非常主观的体验；幸福是什么（或者应该是什么），我们都有各自的一套想法。有些人用**幸福**标签描述他们不再遭受欲望折磨的状态（尽管不是每个愿望都实现了）。另外一些人说到幸福时，指的是和记忆里某个特殊时刻联系在一起的感受，这个特殊时刻可以是慈爱的父母冲他微笑，可以是在学校获得好成绩，可以是初恋，可以是有了第一个孩子，可以是家庭团圆，可以是朋友聚会……有着科学取向的人，把幸福描述成总体上对生活满意、没有消极情绪、没有心理困扰、生活有目标、觉得自己在成长。然而，所有这些定义都有一个关键成分，那就是积极的心态。

尽管幸福具有主观性，但是研究"积极心理学"或"主观安适感"的人把幸福分解成数个组成部分或情绪状态。他们列出了比较积极的情绪，比如欣喜、得意、满足、自豪、依恋、快乐、狂喜，还列出了削弱幸福的情绪，比如内疚、羞耻、悲伤、焦虑、恐惧、轻蔑、愤怒、压力、抑郁、嫉妒。

第3章

幸福等式

世界上有三种谎言：谎言、该死的谎言、统计数字。

——马克·吐温（Mark Twain）

那是最好的做法，它让最多的人获得最大的幸福。

——弗朗西丝·哈奇森（Francis Hutcheson）

如果你无法说服他们，那就忽悠他们。

——哈里·杜鲁门（Harry Truman）

　　撇开定义问题不谈，我们多数人都同意，幸福并不容易获得。像伊甸园一样，幸福仍然令人沮丧地遥不可及。当我问人们他们是否幸福时，他们经常避而不答，或者给出自相矛盾的答案。然而，很多人说自己的生活非常**不幸福**。很少为世界加油喝彩的哲学家就是这种人。例如，亨利·梭罗（Henry Thoreau）相信"大多数人都生活在平静的绝望中"，而让·德·拉布吕耶尔声称"大多数人用让自己余生不幸的方式度过自己最好的年华"。辞典编纂者塞缪尔·约翰逊（Samuel Johnson）也绝不是乐观主义者，他说"人生有很多苦难要忍受，很少快乐可享受"。精神病学家托马斯·萨斯（Thomas Szasz）更悲观，他说："幸福是想象中的东西。从前，生者认为死者幸福；现在，小孩认为大人幸福，大人认为小孩幸福。"电影大师兼作家伍德·艾伦（Woody Allen）用轻松的语气表达自己的悲观："人类站在十字路口，一条通往绝望的深渊，而另一条通往毁灭。这个抉择比历史上任何一个抉择都艰难，让我们一起祈祷，希望我们有做出正确决定的智慧。"

这些散文家、艺术家、精神病学家的这些悲观言论是否正确？还是他们的言论只是代表少数几人的灰色世界观？还是这些行业的人天生更悲观（鉴于他们为世事无常而烦恼）？也许是的。有关幸福感的调查得出的结果还是比较乐观的，为数不少的人觉得自己是幸福的。很多研究者在不同的国家、不同的亚文化中进行过调查，**大多数受调查者在生活满意度量表上的得分远远高于中间分**。换句话说，总体上，他们认为自己是幸福的，而非不幸福的。

当然，我们总是可以质疑这类研究的结果，因为它们是自我报告式的。很多因素，无意识的以及有意识的，会影响自我报告的反应，造成反应偏向。例如，"社会称许性因素（social desirability factor）"——人们有种渴望得到重要他人认可的倾向——可能会让受调查者夸大自己的幸福感。所以，当人们说他们幸福时，质疑他们是否**真的**幸福，是有道理的。关注这一问题的研究者，大体上都发现，当以家人或者密友的评价作为效标时，自我报告的幸福感和效标是一致的。然而，在我自己做的情绪研究中，我发现，很大一部分人极其擅长对身边的人掩饰自己的情绪，不管是在工作中还是在家庭中。

将对自我报告的疑虑放在一边不谈，我们会问，为什么结果如此美好？为什么人们更愿意选择幸福而非不幸福，即使生活艰难？从根本上说，这也许是一种生存机制。我们这个物种要生存下去，就得避免消极情绪引起的退缩和冷漠。阴冷孤僻并不是有效的方式，不利于我们照顾自己、供养家庭、服务社会。因为我们是社会动物，我们与他人之间的关系对于构建和维护社会体系而言是非常重要的。当人们能够走出自己的世界、与他人进行社会交往时，人类世界运行得最好。一根筷子易折断，十根筷子折不弯。考虑到生活中要应对各种困难，一伙、一群、一个氏族、一个部落、一个国家远远比独自一人有效。

我在中非雨林度过了一段时间，和俾格米人一起狩猎。俾格米是一个相对原始的部落。与他们相处期间，我逐渐发现，他们这个民族的成功很大程度上取决于他们对生活的积极态度。俾格米人为了生存而彼此依赖。他们一起打猎，一起采集树根水果，一起建造屋舍，照顾彼此的孩子。所有这些活动都在嬉笑打闹中进行，反映了他们建设性的、乐观的生活态度。据我观察，俾格米人是个幸福的民族。他们有个诀窍，即以积极方式重构体验。而且，他们喜欢笑、喜欢唱。在我们的狩猎小组，玩笑是解决成员间冲突的最常见方式。俾格米人愿意表达积极情绪（并且毫不掩饰地陶醉其中），这使得他们生活各方面的矛盾都容易解决得多。实际上，我很快发现，一个安静的俾格米营地——一个没有幸福表现的营地——是一个有问题的营地。

有些社会心理学家用"波丽安娜原则（Pollyanna Principle）"（以一本童话书中个性阳光的女主角的名字命名，意思是乐观原则）来描述人类加工愉快信息的效率高于不愉快信息的倾向。法国短语"La vie en rose"（意思是透过玫瑰色的眼镜看世界）也描述了这一倾向。在与来访者的首次面谈中，当我询问他们的过去，他们经常描绘出一幅田园诗般的童年画面。但是，当我深入挖掘，这幅画面就会迅速破碎，暴露出现实。实际上，悲观的人也许会说，"过去的时光之所以美好，只不过是因为记忆力差。"

足够有意思的是，双生子研究表明，我们称作**幸福**的主观安适状态似乎部分来自遗传。换句话说，幸福能力似乎含有基因成分，尽管人们对幸福能力多大程度来自遗传估计不一（最高大约百分之五十）。不管真实的百分比到底如何，目前的看法是，先天秉性（特质和气质）预先决定了幸福水平。这个遗传因素可以解释：为什么很多人在整个一生中幸福基线相对稳定（在基线的基础上，幸福感每天会发生变化，甚至每小时会发生变化）。我们与生俱来的气质似乎在幸福等式里发挥着重要作用。

法国作家弗朗索瓦·德·拉罗什富科没有经过科学研究也得出同样的结论，他说："幸福和痛苦，一半取决于气质，一般取决于运气。"这是否意味着我们也许应该放弃改善心态的努力？幸运的是，答案是否定的，人生没有那么宿命。因为没有专门的幸福基因，遗传只是影响幸福的一个因素。也许我们的某些特质是天生的，但是这些特质并非一成不变。我们的成长体验和当前生活事件对我们的心境有很大的影响。我们对生活环境的解释（受生物因素的微妙影响）对我们的幸福感有重大的影响。大多数研究这一课题的学者（包括遗传学家）同意，生活环境对主观安适感有影响。我们如何感受、思考、表现、行动，很大程度上取决于后天教养以及社会文化环境。换句话说，幸福与否，一方面有遗传的作用，一方面也是**习得的**。很多情境因素影响着我们的幸福感。

研究不仅表明幸福有遗传成分，而且还表明金钱买不来幸福。有钱人不一定比不那么有钱的人幸福，幸福不一定非得有钱有名。但是，幸福感和收入无关的说法，仅适用于那些基本需求得到满足的人。对于那些吃了上顿愁下顿、为生活劳碌奔波的人来说，幸福感和收入之间似乎还是存在正相关的。然而，收入较低时收入增长所带来的幸福感的增加，远大于收入较高时收入增长所带来的幸福感的增加。**不管**处于哪种水平，起作用的不是**绝对富有水平**而是个人**感知到的富有水平**。渴望买得起的，不奢望买不起的，就会觉得富有。我们所有人在某种程度上都是富有的，只要我们不去**追求自己所奢望的**，而是**满足于自己所拥有的**。

此外，幸福与社会地位、教育水平有着轻微的正相关，也许是因为社会地位、教育水平越高，收入往往越高（因此较少为钱发愁）。工作状态/工作满意度与幸福感有着更强的正相关。在工作年龄没有工作的人，比那些有工作的人更痛苦。大量研究表明，失业会造成很多心理障碍，从冷漠、易怒到各种身体压力症状。然而，这些研究也表明，在正常年龄退休的人比那些到了退休年龄仍然工作的人更幸福（不过，工作有意思、工作满意度高的人，退休后会怀念工作中的挑战）。

年轻还是年老对幸福也没什么影响。自我报告的幸福感没有显示出哪个年龄段特别幸福。但是，童年生活幸福绝不保证长大之后也会幸福，反之亦然，尽管幸福有基因成分。我们开篇提到的伯特兰·罗素，他的经历就是一个例子。随着人生的展开，罗素好像越来越幸福。有些人，童年生活幸福，长大之后却变得神经质、不幸福；而许多童年生活不幸福的人，会随着人生的展开，变得幸福起来。随着年龄的增长，我们的幸福感不一定下降，但是我们更平和了，情绪大起大落的情况较少出现了——换句话说，我们的幸福感更稳定了。

和年龄一样，性别对幸福也没有多大影响；幸福与否，与是男是女没有关系。和年龄一样，性别不同，幸福感的起伏变化情况有所不同——女人波动更大，不管是积极情绪、消极情绪还是心境——但是，幸福感的平均水平是相同的。然而，男人和女人不幸福的具体表现有所不同。例如，女人患抑郁症的可能性是男人的两倍，而男人比女人更容易表现出反社会行为或者酗酒。

在幸福方面，人们似乎具有很大的"弹性"。社会科学研究指出，我们能够很快适应新情境。客观生活环境对心境的影响是暂时的，几乎没有什么长期影响。幸福感的极端波动，会被习惯化过程迅速中和，让我们回到典型的心境状态。

人类的这一倾向可能需要进一步解释。举个例子说明一下。当我夏天在法国南部自家房子里每天吃一个桃子时，我很高兴；当我在帕米尔山徒步旅行意外发现背包里有个桃子时，我也很高兴；但是，这两种暂时快乐不在一个水平。坐在山顶，精疲力竭、四肢酸痛、口干舌燥之时，我经常会"幻想"那些桃子。但是，随着我们缓解了又渴又饿的状态，桃子带给我们的快乐越来越少。

现代经济学前辈非常了解这一现象，他们引入了边际效用理论。边际效用理论鼻祖赫尔曼·戈森（Herman Gossen）在他的"第一定律"里说：放入嘴里的第一颗草莓比接下来的草莓所带来的满足感要大得多。我们都知道这一点，因为我们都有这样的体验：吃草莓时，吃呀吃，吃腻之后，继续吃下去的话，我们就体验不到那么强烈的满足感了。曾经刻骨铭心的高峰体验悄悄溜走了。要获得同样的体验，得追求新的刺激。幸运的是，有些体验——比如吃草莓、吃顿好的、做爱——经过一段时间之后，会再次变得令人兴奋。显然，欲望能够自行复苏。

人类这一快速适应新的存在状态、回到情绪的典型基线水平的倾向，称为"享乐均衡（hedonic equilibrium）"。有些社会科学家使用更消极的标签"快乐水车（hedonic treadmill）"，这个词说的是我们适应环境变化达到中性情绪状态的倾向。最初的兴奋让位给完全的冷漠。例如，买彩票中奖百万美元的人——经过短暂的狂喜之后——很快恢复到日常的幸福水平。不管我们为何而幸福，气质等人格特征可能在我们回到最初的情绪均衡状态中发挥着重要作用。

既然幸福可能让我们腻味，我们也许会问身处天堂的人有多长时间是真正幸福的？神学家尽管经常花费很多笔墨描写地狱，但是几乎没有描写天堂。这也许是因为天堂描写起来应该很单调——幸福、幸福，除了幸福还是幸福。天堂里不会发生什么真的令人兴奋的事情（当然，也不会发生什么罪恶的事情）。

尽管我们有些人可能觉得难以想象，但是连遭遇不幸受到严重打击（例如，遇到惨烈车祸，患上致命疾病比如癌症）的人也能找到幸福。《圣经》里面的约伯（Job），说明这种可能性是存在的。尽管遇到了很多困难，但约伯从未怀疑自己终有一天会重获幸福。研究表明，经历过极端压力情境的人往往远没别人以为的那样痛苦。很多重大灾难的受害者几乎要为自己没有外界想象的那样悲痛觉得抱歉了。

很多人身体严重残疾之后，仍能重建生活、发现新的幸福点。前电影明星克里斯托弗·里夫（Christopher Reeve）（因扮演超人而出名），也许就是这种转变比较有名的一个例子。他在一次事故之后高位截瘫，非常抑郁，甚至有过自杀念头，但还是挺了过来，找到了新的生命意义——也找到了幸福——成为截瘫患者代言人。

调查研究表明，幸福的人通常具有以下特点：已婚，不属于少数民族，具有积极的自尊，外向，觉得自己能够掌控命运。

宗教也有助于幸福。觉得亲近上帝、相信来世，有助于为日常生活赋予意义，从而形成积极的人生观。此外，说得更广一些，宗教对心理健康产生积极影响。因为宗教提供一种集体认同（通过祷告、礼拜等参与式体验），而且有助于建立人际网络（通过天主教堂、犹太教堂、清真寺、寺庙等的聚会），所以信教的人可以受益于社会支持。这在危机时期起着至关重要的作用。

参与休闲活动——特别是运动和锻炼——的人，似乎也更幸福。在团体背景下进行的休闲活动，例如社交俱乐部、合唱团或团队活动，通常被人称为幸福的源泉。对于那些外向和乐观的人来说，与他人接触可以增强积极心态。假期也可以是幸福的源泉，因为假期可以让人暂时脱离按部就班的日常生活、顺着天性去探索外面的世界。

此外，比较幸福的人，不过度关注事情不好的一面（他们更乐观），生活在经济发达的社会（意味着政治稳定、公民享有政治自由），有知心朋友，拥有相关资源朝有价值目标奋斗。

用统计数据说明问题，尤其要注意因果关系。什么有助于什么（或什么与什么相关）？因果关系的方向是什么？例如，幸福与婚姻相关，是因为婚姻带给人幸福，还是因为幸福的人更可能找到结婚伴侣？这两个因素之间的交互作用是怎样的？重要的是外在事件，还是内在人生观—世界观？觉得自己总不开心的人比别人更多地看到生活不好的一面，并用一种更悲观的方式来诠释生活？有关幸福与自尊、外向、内外控、乐观的研究都指向这个方向。幸福也许，首先，是种心态——看世界的方式。换句话说，真正重要的是我们如何对生活中的成败进行归因。

第 4 章

世界观

通向幸福的道路只有一条：不要为那些无法左右的事情操心了。

——伊壁鸠鲁（Epictetus）

每个人都是自己命运的设计师。

——阿庇乌斯·凯库斯（Appius Caecus）

幸福不取决于外在事物，而在于我们如何看待它们。

——列夫·托尔斯泰（Leo Tolstoy）

　　有人曾说过一句俏皮话："他对自己一见钟情，然后一直死心塌地爱着自己。"这句话调侃了自恋，而我要严肃地探讨下自恋。自恋带来的满足是非常短暂的，因为自我中心的人很难关注外在事物，而对外在事物的关注是建立良好关系所必需的。伯特兰·罗素说，我们应该"避免那些以自我为中心的情绪情感，培养那些防止我们总是沉浸在自己世界的情绪情感，以及兴趣爱好。大多数人天生不乐意待在监狱，而那些导致我们自我封闭的情绪情感是最糟的监狱之一"。他列举的让我们不幸福的"情绪情感"有恐惧、嫉妒、攀比、罪感、自怜、自负。他还认为，幸福首先是种心态。他说，极端地以自我为中心，就休想得到幸福。这个说法很有道理。我们应该赶走折磨我们的幽灵。幸福之道就是让折磨我们的内部力量消失或者尽可能减轻。我们需要冲出自我设置的牢笼。有一句话说："你笑，全世界跟着你笑。"幸福就像魔药，自己不服用几滴的话，就无法用在他人身上。

　　我们不仅用自我中心囚禁自己，而且会虐待自己

（尽管没有多少人承认）。我们擅长让自己的生活变得不幸福。如果，正如研究发现所指出的那样，幸福很大程度上取决于我们的认知状况——我们如何解释环境并做出反应，那么，我们为什么要虐待自己呢？我们内心的幽灵来自哪里？

在绝大多数情况下，我们是自己过去的囚徒。正如丹麦哲学家索伦·克尔凯郭尔（Soren Kierkegaard）曾经说过的那样："生活的可悲之处在于，只有向后看才能理解生活，但只有向前看才能生活得好。"我们的内心剧场——影响我们行为的各种主题——在很大程度上取决于我们在哪种养育方式下长大。在易受影响的年纪，我们内化了养育者的行为方式，按照他们的样子塑造自己。

发展心理学家和认知心理学家已经表明，我们的大部分行为是习得的。证据就在于，当我们揭开那些折磨我们的幽灵的面具时，我们会发现熟悉的面孔——养育我们的人。他们的告诫还在我们耳边回响：**不要那样做！穿上夹克，否则你会感冒！如果你**

那样做，你会变成你叔叔那样，你知道他的下场吧！不要听你朋友的——他的爸妈不是什么好东西！你的奶奶是个圣母，但你的爷爷是个废物——你现在就像你的爷爷一样！不要和那个女孩玩，她是个烦人精！小时候，我们内化了诸如此类的话语（既然我们按照父母的样子塑造自己），长大后，这些话语影响着我们看待生活事件的方式。

我们很多人，结果成了自己父母的代理人，背负着"不可能完成的任务"。父母的影响阴魂不散，以羞耻感、内疚感、愤怒感、焦虑感、恐惧感、悲哀感的形式折磨着我们。这些感觉驻扎在我们心底，影响着我们日后的生活。养育人的关键话语一直回响在我们耳边，影响着我们的人生观。

英国有句谚语说："幸福与否，完全取决于心态。"长大之后的人生观是幸福与否的关键，因为有着不同人生观的人，对同样的事件、同样的情境会做出十分不同的解释。面对同一挑战，有人把它当作机遇，有人把它视作威胁。下面，我们看看人生观和幸福具体有哪些联系。

内控对外控

心理学家有时区分两种看世界的方式。他们根据行为导向的不同，将人分为两种，**内控的人**和**外控的人**。极端内控的人，认为自己什么都能做到，认为一切皆有可能，认为自己的人生在自己的掌控之下。内控的人，将事件归因于自己，认为自己能够掌控命运。他们往往主动而且具有企业家精神。相比之下，极端外控的人认为自己是环境的牺牲品，任何事情的发生都是缘于机遇或者命运。外控的人还没开始就已放弃，他们认为自己什么事都做不成。他们更被动，缺乏个人效能感。然而，放弃是终极悲剧，因为认为自己天生是个失败的人，所以完全被动等待——这样只会与幸福失之交臂。

有人在实验室研究中，对狗或老鼠实施电击，这些动物无法逃避电击，最终变得意志瘫痪、麻木不仁。简言之，它们放弃了。即使换到新情境，它们也不会尝试自救，因为它们认为不管做什么都没有用。**这种现象叫习得性无助**。和研究中的这些动物一样，人类在极端情境下，比如身处集中营，经常会失去希望。他们的经验告诉他们，不管做什么都没有用。这些动物实验表明，我们习得的世界观起着重要作用。

我在组织中见过很多习得性无助情形。下面以某个公司为例说明一下，这个公司多年来一直有一个保守的、专制的领导。这个领导喜欢集权，什么事都要过问一下。没有他的明确允许，下属不得采取行动；每件事情都要他拍板决定。最终，这个公司被一个全球公司收购，这个全球公司有着十分不同的管理模式。新的经理人接手这家公司后，试图通过**赋能授权、敢担责任、企业家精神**等字眼在原公司员工当中宣传新的企业文化。尽管他们鼓励变革——引入更多的现代管理方法——但是结果什么都没变。员工们还是保持原先的习惯，上级不发话就不行动，所有事情都仰赖上级做决定。尽管处于新的环境，员工们还是固着在原有的依赖模式之中。他们不知道怎样换种眼光看待经营管理。面对新公司的期待，有些员工不知所措，最终辞职。另外一些员工，因为工作效率低下，被辞退了。于是，公司出现了严重的士气问题。

这种混乱持续了一段时间。然而，渐渐地，在新进人员的帮助下，大多数留下的员工开始转变观念。他们发现，自主决定不会受到惩罚，新的领导说"员工有权自己采取行动"是算数的。他们发现，冒险尝试新做法的人得到了奖赏而不是惩罚，即使他们的尝试并不成功。然而，留下来的员工完全摆脱习得性无助，还是花了一段时间的。原先的 CEO 给了他们太多的"电击"，让他们不相信自己能够掌控自己的人生。就像实验室研究中的狗和老鼠一样，他们丧失了行动能力。

我们从这种例子获得的启示是：如果我们想要幸福，那么我们需要积极主动。我们需要效仿内控的人，相信自己能起作用。如果由别人写脚本——外控的人的世界就是这样的——我们就不是真正地活着，只是在扮演一个角色。坐下等待奇迹的话，我们什么都做不成；说出自己的目标并付诸行动，我们的人生才能获得意义、变得圆满。我们需要听从自己的判决。我们需要告诉自己：我们不是环境的奴隶，我们是自己的主人。

显然，世界观在幸福等式里起着重要作用。如果我们指望别人让我们幸福，我们只能不断失望。我们需要采取主动。自怜不会带来幸福，放弃也不会。很多人，他们想让自己有多幸福，他们就有多幸福。重要的是我们如何看待成败。我们过于关注自己无法做到的事情吗？如果我们失败了，我们会责怪别人吗？还是，我们告诉自己**我们能够有所作为**？

这样，与外控的人相比，内控的人，人生态度更主动，更可能体验到幸福。控制感——即使是**想象出的控制感**——通常对心理健康有着积极作用，而且能够缓冲压力。控制感丧失——觉得做什么都是徒劳——会让人觉得无助，而心理学家普遍认为无助感会导致抑郁等精神障碍。

乐观对悲观

幸福与人格的关系在乐观这一维度也有所体现。我们是把杯子看成半满的还是半空的？我们是乐观主义者还是悲观主义者？乐观主义者认为世界处处皆美好，而悲观主义者**担心**好景不长。乐观主义者总能看到事情好的一面，认为每次失败只是暂时的挫折。遇到困难，他们视之为挑战，努力去克服。他们对未来怀有美好的希望，认为只要付出努力，就能获得成功。而且，他们认为自己在别人眼中的形象是正面的。

顾名思义，这种积极的人生态度让乐观主义者比悲观主义者更幸福。而且，乐观能带来好结果：想法积极的人，更可能碰上好事。他们能更好地应对压力事件，身体更健康（更不容易生病），事业更成功。更重要的是，他们的乐观是能传染的。一个人的积极想法能引发另外一个人的积极想法。

相比之下，悲观主义者看不到事情好的一面——看任何事情都很消极。遗憾的是，悲观也能成为自我实现预言。悲观主义者可能因为自己的消极态度而招人厌烦，这会进一步强化他们的消极心态。乐观主义者建造自己的天堂，享受其中；悲观主义者设计自己的地狱，自我折磨。因为相信坏事无法避免、持续存在，所以悲观主义者容易放弃希望。他们觉得无力改变生活中遇到的任何事情。

当然，任何一种人生观都要把握好度。太过乐观——有些人确实如此——会导致自欺欺人、自我挫败的举动，而太过悲观则会导致意志瘫痪。想拿捏恰当，就要区分哪些事情是我们能够控制的，而哪些事情是我们不能控制的——这也是健康的乐观主义所强调的一点。

如果我们缺乏那种能力——如果我们是有着悲观导向的外控者——我们就容易出现认知扭曲。正如我们先前看到的一样，认知扭曲通常是习得的；在我们易受影响的年纪，养育者灌输给我们一些观念，认知扭曲就是这些观念的遗留物。认知扭曲的表现就是，全或无思维（倾向于把任何事情看成非黑即白），夸大或缩小（要么夸大要么缩小某些事件），草率下结论（没有证据就做臆断），"贴标签"（不加了解就给人下定论）。

在精神分析实践中遇到悲观的人，我会尝试帮助他们重塑人生观，而且，在一些特定情形下，鼓励他们一点点地去改变，即使局面好像要失控了。我鼓励他们把挫折看成挑战，更加努力而不是就此放弃。我认为（这个信念是有证据支撑的），有些**思维方式**容易通往成功和幸福，而有些**思维方式**容易导致失败和绝望。乐观是无助的最佳解药，使我们能够从失败中恢复过来。

外向对内向

除了乐观—悲观、内控—外控以外，外向—内向也对幸福有影响。与内向的人相比，外向的人往往对环境更敏感。因为他们对环境里的积极情绪反应更强烈、更肯定，所以他们似乎认为幸福是比较容易的事情。

外向—内向与幸福之间还有进一步的间接联系。与内向的人相比，外向的人更喜欢也更擅长与人打交道。因为社会要求人们多与人打交道，所以外向的人能够更好地适应社会。而且，因为外向的人在社交情境下更自在，所以他们参与**更多的**社交活动。这解释了为什么，一般说来，好交际的、外向的人生活满意度更高。正如作家奥尔德斯·赫胥黎（Aldous Huxley）曾经说过的那样："幸福不是刻意追求来的，而通常是从事某项活动的副产品。"

高自尊对低自尊

世界观的另外一个要素就是自尊感。为了让幸福眷顾我们，我们需要对自己持有积极的看法，接纳自己，尊重自己。确实，幸福最好的指示剂之一就是我们看自己有多顺眼。喜欢自己的人，容易对别人敞开心扉。自我暴露、双向交流，通常有助于建立人际关系。坦诚沟通的人拥有更广的人际网络、更多的社会支持，他们更常参与社会事业并从中获得更多满足。

另一方面，低自尊的人更可能表现出社会退缩行为、自我中心行为、自我闭塞行为。高自尊的人认为自己是生活的主人，觉得自己是重要的，而低自尊的人往往迁怒于别人，或者表现出其他防御行为。此外，低自尊与心理疾病——尤其是抑郁——之间存在强烈的相关性。

说到这，我们又要回到先天对后天的问题。高自尊、外向、乐观、内控很大程度上来自遗传——也就是，是老天安排好的——还是，我们有改变自己命运的机会？幸运的是，正如我们先前看到的那样，人格不是百分之百由遗传决定的，我们还有很大的发挥空间。我们应该把成年时期的人格看作先天因素和后天因素共同作用的结果。尽管遗传因素影响强大，但是——正如神经心理学研究所表明的那样——环境因素也有很大的作用余地，一些生活经历也会改变人格。我们确实拥有改变自己命运的力量，但是我们需要**想去**改变自己的命运。我们需要采取主动。

第 5 章

解构幸福

这不是在乌托邦

不是在隐蔽的地方

不是在秘密的岛屿

天知道在哪里!

但是,就是在这个世界我们所有人的世界

最终在这里

我们将找到幸福

或一无所得!

——威廉·华兹华斯(William Wordsworth)

人生苦短,及时行乐。

——中国谚语

生活就像歌厅,老朋友,来歌厅吧。

——弗莱德·埃布(Fred Ebb)

中国有句古话说，幸福包括三样东西：有人可爱、有事可做、有所期盼。这一说法很有道理。生活中要有爱、有希望，还要有所事事。西格蒙德·弗洛伊德（Sigmund Freud）也有类似的想法，他指出心理健康的两大要素就是爱的能力和工作能力。不幸的是，弗洛伊德是工作狂，忘了提到玩耍——人类天性之一。我们天生好奇、喜欢探索——这一点从试验、尝试新东西的小孩子身上可见一斑。因此，觉得工作就像玩耍的人，确实非常幸运。

下面，仔细看看中国谚语里所说的三样东西：有人可爱、有事可做、有所期盼。

有人可爱

我们所有人都需要有爱人，一个让我们觉得亲密、可以信赖的人。我们经历的第一个"亲密关系"是与父母的关系（如果我们不是那么不幸的话）。后来，其他家庭成员加入进来：爷爷奶奶、兄弟姐妹，或许还有叔叔婶婶、舅舅舅妈、姨父姨妈、堂兄弟姐妹、表兄弟姐妹，等等。随着年龄的增长，我们还有朋友、配偶以及孩子。和这些人相处是幸福等式的重要部分。

幸福需要分享。它就像拥抱：对我们许多人而言，享受拥抱的最佳方式就是与人分享拥抱，也就是拥抱彼此，而不是拥抱自己。实际上，与人分享幸福，幸福就会加倍；私藏幸福，幸福就什么也不是。幸福的秘诀就是能从别人的快乐中找到快乐，就是想让别人幸福。为了体验真正的幸福，我们需要忘掉自己，因为自我中心和幸福是水火不容的。我们要慷慨、不要自私，我们要关心别人。我们很多人都有这样的经历：当我们把阳光带到别人的生活之中，我们也能收获灿烂。即使最不起眼的事情也能制造幸福——一个微笑、一个拥抱、一句发自肺腑的"谢谢"。这些细小的举动，能让发出者和接受者都觉得欣喜。

真正的幸福之所以只能通过分享而获得，是因为人类需要深层的连接。自出生后，我们就与他人发生千丝万缕的联系。前面提到过，人际网络对心理健康来说是非常关键的。依恋需求是人类的基本需求之一。社会心理学家投入了巨大精力来描述这一基本需求。英国精神病学家约翰·鲍比（John Bowlby）通过研究母婴互动，巧妙地阐述了依恋行为的发展轨迹。人类有一种很强的倾向，即通过与母亲或者其他养育者建立依恋关系来获得安全感。很多压力和烦恼，比如焦虑、愤怒、抑郁，是与依恋对象被迫分离或者丧失依恋对象的结果。

人类天生具有关系需求，人的人性在与他人相处的过程中得以体现，在作为群体的一分子时得以体现。没人能在孤岛上独自生存，鲁滨逊·克鲁索（Robinson Crusoe）只是小说中的虚构人物。依恋需求不仅指希望与他人保持亲密关系，也指能从分享与肯定中获得快乐。如果依恋对象扩大到一个群体，那么依恋需求就变成**归属**需求。依恋和归属都能通过肯定个体的自我价值、提高个体的自尊而起到稳定情绪的作用，有密友、有爱人、归属于某个群体，是人之为人所必需的。它们不仅是心理健康的关键，也是幸福的关键。

记住，孤独和寂寞不是一回事。孤独是独处的**状态**，而寂寞是一种**感觉**。寂寞是无奈的自我空虚，意味着不会与人打交道，意味着没有能力打破孤独的状态，意味着欠缺社交技巧。更糟的是，寂寞会自行延续下去：不会与人打交道的人，是没有希望走出寂寞的。而且，正如有句摩尔谚语所说的那样："孤独地活着，不如有人陪着一起去死。"

最强烈的亲密关系是伴侣之间的亲密关系。人们能从真正的亲密关系中获得最大的满足。婚恋关系能带来极其强烈的感觉，包括幸福感。对很多人而言，真正地爱一次会留下很多幸福的回忆，人到暮年，这些回忆依旧历历在目。伴侣合拍的话，他们之间的爱，超越了性，整合了相互的依恋和真正的友谊。

　　家庭动力学研究已经表明，夫妻花多少时间共处——相伴程度——决定了婚姻幸福度以及总体幸福度。弗里德里希·尼采（Friedrich Nietzsche）曾经说过："最好的朋友是最佳的妻子人选，因为良好的婚姻要以友谊为基础。"当我们在身体上和心理上体验到真实的亲密感时，我们就会越来越强大。这种强烈的亲密关系有助于我们发展和成长，因为它可以作为我们更好地认识自己、理解他人的基地。生养孩子是个人发展和成长的一部分。孩子是重要的幸福源泉，因为孩子是催化剂，可以帮助父母转变人生观，让父母从以自我为中心变得更加成熟、顾及他人。换句话说，孩子"教导"父母，付出比得到更加令人幸福。所以，养育孩子是很好的成长体验，有助于获得幸福。

　　不仅长久伴侣关系之中的美好记忆可以作为生活压力的缓冲器，而且伴侣也可以充当主要的情绪容器，帮助彼此克服冲突和焦虑。如果婚姻里的双方互相依恋、互相信任，那么他们可以充当彼此的"情绪容器"或知己。尽管最好的选择是有个相爱的伴侣，但是情绪容器或知己的角色也可以由密友来充当。对很多人而言，有好朋友陪伴就会感到真正的幸福。

艰难的时候，我们能从朋友那里获得很多安慰。因为朋友能够帮助我们克服生活中的困难，能够帮助我们制造幸福时光。朋友也可以作为某种辅助记忆库，帮助我们储存我们的经历和故事，包括我们忘掉的幸福时光。朋友也有利于身体健康：研究表明，有个可信赖的人帮你减轻压力，似乎能增强免疫系统、延年益寿。说说知心话——进行自我暴露——具有很强的疾病预防作用。西格蒙德·弗洛伊德开始尝试精神分析时，鼓励人们谈论任何进入意识的东西（未被日常生活中的习俗规范屏蔽掉的东西），并把这一过程称作"谈话疗法"。

不幸的是，友谊并不是轻易能够得到的。友谊不是那种能在商店里买到的东西，也不是那种许下愿望、打个响指就能出现的东西。建立友谊——包括伴侣关系——需要苦功和决心。在这一过程中，我们要努力理解、帮助对方，牺牲部分自我。如果我们只考虑自己——如果我们过于自恋——就很难建立真正的友谊。

大多数友谊的地基是在生命的早期打下的，比如童年时期、中学时期、大学时期。年轻时发展友谊很容易，以致我们视之为当然而不予重视。但是**维持**友谊是另外一回事，绝不是自动的。让友谊之树茁壮成长、根深叶茂、万年长青，是个艰难的任务，需要花费大量心思。友谊就像脆弱的婴儿，需要呵护、培养，甚至牺牲。维持友谊需要彼此忠诚、彼此挚爱、互相感应、在对方需要的时候能够随时提供帮助。这些努力也是有回报的：有个朋友，意味着随时可以向其诉说、获得理解、得到帮助。有句警言是这么说的：看一个人选择什么人做朋友，可以看出这个人的性格。

随着年龄的增长，友谊会发生什么变化？早期建立的友谊依然深厚吗，还是渐渐和曾经的朋友失去了联系？对很多人而言，第二个问题的答案是肯定的。

尽管友谊往往非常短暂，但是随着年龄的增长，友谊越来越重要。自中年以后，我们比以往更需要友谊了。但是，对我们很多人而言，长大以后就很少有机会建立新的友谊了。我们不断失去老朋友，又没有新朋友来补缺，结果，朋友越来越少。

我们失去朋友，有时是因为距离太远，有时是因为兴趣不同，有时是因为一方成长得比另一方快，有时是因为疏于联系。甚至婚姻也可以成为瓦解友谊的一个因素。如果夫妻感情特别深厚，那么其他人都会相形失色。另外，伴侣关系的排他性可能带来消极的情感，比如嫉妒。有人可能觉得爱人的朋友会带坏爱人，或者觉得爱人的朋友的某些行为很烦人。如果爱人和朋友不能兼容，那么就得做出艰难的选择。有了小孩——意味着要花费大量时间精力照看孩子——也会妨碍友谊。很多人有了孩子后，就会围着家庭转，因此无暇结交新朋友、顾及老朋友。

但是，并非所有的友谊都是我们故意终结的。当我们变老时，死神就成为常客，让我们的朋友圈不断缩小，而我们毫无办法。所有这些转变都说明我们需要主动维护友谊。塞缪尔·约翰逊曾经简洁地说过："一个人如果不去结交新朋友，那么很快就会发现自己变得形单影只。一个人应该经常维护友谊。"既然生命是川流不息的，我们就需要向前看，而不是只向后看。我们需要主动结交志同道合的人，对他们表示兴趣，而不是等着他们对我们表示兴趣。如果我们不努力建立新友谊，我们就会在年老时发现自己孑然一身，这种境况很悲惨。

重要的是，我们希望别人怎么对待自己，就要怎么对待亲近的人——伴侣、朋友、邻居、同事。圣人孔子（Confucius）有句劝诫："出门如见大宾，使民如承大祭。己所不欲，勿施于人。"一生之中，公平地对待他人，部分是因为我们希望被他人公平地对待。我们对别人好，可能是因为我们也希望别人对我们好；另一方面，如果我们觉得亲朋好友对我们好是理所当然的，没有感恩的心，那么我们就会与他们疏远，我们与他们之间的关系就会恶化。

公平地对待别人——也就是，确保关系的互利性——需要我们能设身处地地为他人着想。这也是为什么十足自恋的人——没有同理心的人——很难建立真正的友谊。他们就是无法想象处在别人的位子自己会有什么感受。具有其他某种人格障碍的人——比如妄想狂、精神分裂者——也不该奢望友谊，因为他们有着类似的同理心问题。

人际关系中，同理心之所以如此重要，是因为生活就是一个社会交换过程，人们算计——尽管不一定是有意的——在每个关系里付出多少得到多少。考虑到任何人际互动都秉持分配公正公平的原则，我们在一段关系里的投入和付出应该对等。

有事可做

《纽约客》（*The New Yorker*）刊登过一幅漫画，画的是一个经理人下班回家，手提公文包，正要进屋。

妻子期待地看着他，好像在问他今天过得怎么样。漫画标题是："今天怎么样啊？嗯，和平常没有什么不同。我爱了、我恨了、我笑了、我哭了。我受到了伤害，也伤害了别人。我交了朋友，也结下敌人……"

正如漫画所表明的那样，工作——幸福的第二大支柱——将个人和社会联系起来。工作让我们的生活有了目标，让我们有了意义感。这也是工作对心理健康至关重要的原因。无所事事的人，往往不快乐。自相矛盾的是，最辛苦的工作就是什么也不做。

无所事事的典型例子是奥勃洛莫夫（Oblomov）。奥勃洛莫夫是十九世纪俄国小说家伊万·贡恰罗夫（Ivan Goncharov）的同名悲剧小说中的主角，他被动、冷漠、懒惰，他的形象在今天仍有强大的比喻意义。奥勃洛莫夫是性格发展迟滞的典型例子，是个除了吃喝拉撒睡之外什么也不做的家伙。由于个性被动、冷漠，他觉得活着很有挑战性——自杀也很有挑战性。奥勃洛莫夫从来没有真正地活过（或者说，没有按照我们认为有意义的方式活过）。他只是待在床上。（当然，有人也许会说，如果想规避风险，那么床是最好的地方。然而，大多数人是死在床上的！）奥勃洛莫夫用白日梦和幻想代替行动，给读者一种"末日将至，徒劳无用"的感觉。尽管奥勃洛莫夫是个极端例子，但是，从他的身上我们可以看出，被动和懒惰将导致什么后果，而我们都有被动和懒惰的一面。然而，工作本身并不是答案，如果工作不能带来满足感，则同样会让人无精打采。正如文学家马克西姆·高尔基（Maxim Gorky）曾经说过的那样："工作是一种乐趣时，生活是一种享受。工作是一种义务时，生活是一种苦役。"

生活中最大的奖赏之一就是，有机会做自己喜欢且觉得有挑战的事情。不幸的是，我们太多人，太多时候，觉得工作是项苦差，工作场所就像集中营。尽管有些人是迫于经济压力而做自己觉得没有意义的工作，但是我们许多人是有得选的。除非我们无法摆脱经济压力，否则我们需要剪掉无用的枝条、留下有用的枝条，集中精力做我们能做好的、让我们觉得没有白活的事情。

如果幸福是个目标，我们也应该寻找那些让我们具有目标感的工作。如果我们觉得自己所做的事情是重要的，我们的生活就有更多的意义。让我们觉得自己在做贡献的工作、真正让我们沉浸其中的工作、要求我们完全投入的工作，是能给我们制造快乐、留下幸福回忆的工作，这些回忆可以支撑我们度过艰难的日子。如果我们工作时完全忘了时间，如果我们下班时不觉得疲倦，这些都是良好的迹象，说明我们所做的就是这种工作。德国有句谚语说："幸福的人，听不到钟声。"心理学家米哈里·契克森米哈赖（Mihaly Csikszentmihalyi）用"心流"指代有意义的工作带来的那种忘了时间和周遭的境界。

但是，有意义的工作再重要，也没有亲密关系重要。连每天盼着下班的人，如果能有亲爱的家人好友来共度休闲时光，也会觉得自己是幸福的。

有所期盼

最后，我们的生活需要有盼头，我们需要有可为之奋斗的事情。有意义的工作可以制造盼头，其他东西也可以。希望是人的境况至关重要的元素，它鞭策我们，鼓励我们探索和成长。当我们走完探索人生之旅，就会发现，人与人之间的本质区别就在于怀有哪些欲望，怀有哪些希望。这样，萌生与放弃希望的方式，是"内心剧场"的重要部分，是人生脚本的关键元素。

尽管我们往往认为希望是缥缈的，但是希望也能具体化。它有多种表现形式——新的恋情、振奋人心的工作机会、梦寐以求的房子、特别的旅行。各人有各人的希望。希望和美好回忆一样，能帮助我们度过艰难时光。

因为希望涉及有意义的目标，所以希望指向一个目的地（这个目的地会逐渐演变）。（我稍后会详细讨论。）希望让我们的人生之旅有了方向感——知道自己要去往哪里。实际上，没有希望，我们为什么要开启人生之旅？如果对前景失去信心，我们也许会停在我们并不想停下的地方。希望赶走忧愁和沮丧，提醒我们：层层乌云后面，太阳总在那儿，即使我们看不见。

人生之旅并非一帆风顺，心中怀有希望的人在遭遇不幸时能更好地应对。他们把每次挫折看成磨炼，认为没有过不去的坎。他们认为逆境终有尽头，始终斗志昂扬。他们不绝望，他们坚持到底，他们不会轻易放弃。

我们可以在**梦想**的框架下探讨希望。因为梦想赋予人生以意义，赶走空虚和绝望。没有梦想地活着和死亡没什么两样。然而，我们的梦想往往看起来很远，在阳光下盘旋，吸引着你又让你捉摸不到。梦想往往确实让你够不着。但是，即使我们永远触摸不到梦想，我们仍然可以仰望梦想、相信梦想，并试着按照梦想的样子生活。梦想能够鞭策我们走得更高更远。没有梦想，我们就像飞机进入了自动驾驶模式，生活失去了诗意和欢乐。

世界上最惊人的壮举是由心怀梦想的人完成的，那个梦想还是**大大的**梦想。但是，要有梦想，我们必须相信自己。我们必须相信：我们立志成为什么，我们**就能**成为什么。当我看向那些对世界产生重大影响的人物——伟大的梦想家，比如圣雄甘地、马丁·路德·金（Martin Luther King, Jr）、特里萨修女（Mother Teresa）、纳尔逊·曼德拉（Nelson Mandela）——我看到，尽管一路障碍重重，但是随着时间的推移，梦想会逐渐转变成现实。这些梦想家，首先设想出一种崇高的方式来让世界变得更美好，然后着手实现梦想，一步一步地。

这些人的例子告诉我们，我们应该坚持少年时期的梦想，或者至少仍然愿意做梦——仰望星空，做成别人认为不可能做成的事情。毕竟，如果我们仰望星空，那么我们至少可以打中月亮！但是，梦想是娇弱的花朵，容易凋零。这也是为什么，我们很多人觉得难以和别人谈论或者分享自己的梦想。我们担心别人嘲笑我们、挖苦我们、把我们看作傻瓜。然而，我们还是需要冒下险。如果我们敢于向我们最信任的少数几人透露我们的梦想，他们也许能帮助我们实现梦想。即使我们最担心的事情发生了，别人嘲笑我们的梦想是多么愚蠢，我们也要义无反顾地去追逐，因为幸福源于追逐的过程。我们是自己宏伟蓝图的设计师。知道要往哪个方向走并往那个方向努力时，我们是十分幸福的。梦想就是可能性，我们需要运用所有的才智、精力、勇气去实现梦想。

不幸的是，梦想也有不好的一面。好高骛远对幸福的威胁，就跟没有梦想一样大。如果挑战一直超出我们的能力范围，我们就会不断受挫。如果现实（我们目前所处的位置）和理想（我们想要到达的位置，或者我们认为自己应该到达的位置）的差距过大，我们可能就会抑郁、烦恼。但是，如果我们不去操心那些超出我们意志力作用范围的事情，我们就会感到好得多。最好的办法，就是将远大目标划分成一个一个容易操作的小目标，逐个去实现。胸怀远大理想，但是享受每次阶段性成功的快乐。这样做，我们就会有控制感，也能在追逐梦想的途中不断庆祝小里程碑式的成功。

例如，假设出版商让我写一本书，建议写成三百页，这一任务好像艰巨得令人生畏。但是，如果我把它分解成很多容易操作的小任务，每天写三页，那就容易完成得多。每天写完三页，我都会体验到完成任务的快乐感。不知不觉之间，书就能交稿了，比预期要早。分解任务的话，一切皆有可能。不管怎样，向梦想迈进的过程可能比实现梦想令人更加幸福。

没有梦想的人，会觉得没有方向感，于是随波逐流。有时，只有强加到头上的挑战能拯救他们，比如一次威胁生命的事故、一场大病、一件惊心动魄的大事（比如战争）。尽管听起来荒谬，但是这类事件能让人获得新生，因为它们让人不得不认真审视现实。经历过这种劫难的人，往往会重新定义哪些事情应该优先考虑，修复自己与他人之间的关系裂痕，确认哪些事情是有意义的并为之奋斗。这样，浪荡子有了新的开始，幸福也许会随之而来。

我的一个学生向我生动地描述了他的一次经历。黎巴嫩内战期间，他所住的宾馆发生了爆炸事件，他被埋在废墟下，几乎被压扁了。之前，他一直是个非常迷茫的、听天由命的浪荡子，但是这次事件改变了他。相对安然无恙地从瓦砾中爬出来后，他真的认识到活着真好。他觉得自己仿佛获得了新生。"重生"[引用心理学家威廉·詹姆斯（William James）的话说]之后，他重新定义了哪些事情对自己而言最重要。他觉得自己获得了重新开始的机会，不想再浪费丁点儿时间。他回到学校，修完医学，成为内科医生，后来又成为重要的防艾工作人员，大部分时间待在非洲实施预防项目。

即使我们有很强的自我效能感，追逐梦想也是一项令人生畏的艰巨任务。梦想可能看起来如此遥远，而我们的力量又是如此渺小，但是，人生是由一件一件小事组成的。梦想如果一步一步地去实现，就会变成可以实现的。圣人老子（Lao-Tzu）说过："千里之行，始于足下。"大事之所以能成，都是从小事做起的。最初的努力，可能看起来很琐碎，但是最终能成大事。初期试探性的几步，能为我们指明正确的方向，并为余下的旅程奠定基础。

第6章

工作生活平衡

我用咖啡匙量走我的人生。

——艾略特（T. S. Eliot）

我所梦想的就是平衡的艺术，就是纯洁和宁静，就是没有烦恼、没有麻烦……能够安抚心灵的东西，就像一张能够缓解身体疲劳的舒适的沙发。

——亨利·马蒂斯（Henri Matisse）

幸福不是闹着玩的事。

——理查德·威特立（Richard Whately）

　　即使我们拥有爱人、工作满意、心怀梦想，如果
我们无法平衡工作和生活，那么我们也不会幸福。达
到平衡，这个目标似乎很简单，但是说起来容易做起
来难。我们可能在工作场合遇到很大的压力。因为很
多公司的企业文化都漠视家庭的重要性，所以那些压
力不仅影响到员工本人，而且影响到员工的家人。在
这些工作压力之外，我们往往还会自寻烦恼！我们会
陷入职业发展的泥沼，比如，想方设法打倒竞争对
手，让自己的职业发展迈上新台阶。而且，如果我们
把幸福等同于成功——至少是通俗意义上的成功，以
财富、地位、权力或者名气为象征——那么我们注定
要牺牲人生的其他方面（工作和生活不平衡，其影响
可能非常隐蔽，以致我们意识不到）。

活在此刻还是活在未来

　　我们大多数人都擅长自欺欺人、掩耳盗铃、自我

安慰，这加剧了工作和生活之间的不平衡。我们哄骗自己相信，我们兼顾得很好。例如，大多数人，当被问到花多少时间陪伴家人时，会给出远远超出实际时间的答案（尽管他们不一定是**有意**歪曲事实的）。即使那些清楚自己把绝大部分时间花在工作上的人，也会安慰自己说，非工作时间"质量好"。他们也许想要说服自己，重要的不是陪伴家人时间的长短，而是那段时间的质量。但是，他们真的相信这些话吗？他们的家人同意他们的观点吗？

我经常听经理人说，他们现在如此努力工作，是为了妻儿"日后"能过上更好的生活。（抱歉我在这里用"他"，但是说这话的往往是男人。）但是，通常，当"日后"到来时，妻子已经不在了，和别人跑了，而孩子变成了陌生人，叫另外一个男人"爸爸"，不知道自己的父亲到底是谁了。为了家庭的未来，为了家人"日后"的幸福，他们忘我地工作，结果落个孤苦伶仃的下场。同事业成功相比，**人生**成功似乎要难得多。我们可以在所有课程上都得"A"，但是在人生这门课程上不及格！

当我们追求第一种成功时——这种成功，就像犹太人有句谚语所说的那样，"无酒而醉"——我们需要提醒自己：人生有很多重要时刻一旦过去，就再也不会回来。我们需要珍视那些时刻，我们需要把握当下。人生不是演习，是实战。想要享受人生，就要活在**今天**，而不是明天，也不是遥远的将来的某一天。我们得问问自己：我们到底想要什么。我们想要活在**此刻**还是活在**未来**？

我合作过的很多投资银行家就面临这一抉择。他们有些人，在易受影响的年龄受过苦，于是很早就下决心努力工作、绝对不要再受穷。他们人生的主要目标就是财务自由。通过极其努力的工作，他们实现了这一目标，挣到的钱远远超过了曾经的奢望。引用一个人的话说，就是"我一年挣的钱比我父亲一生挣的都多"。

具有这种情结的人就像跑轮上的老鼠，欲罢不能。最初的温饱问题解决后，新的需求——大多数是想象出来的——开始出现。他们想要更大的房子、更高级的跑车、特别的避暑别墅。一般的度假方式再也满足不了他们，他们需要更豪华的度假胜地。他们的"玩具"也越来越贵。拥有的越多，想要的就越多，意识不到幸福是买不来的。他们喃喃低语：要不了多久，我就会放下工作；要不了多久，我就去做我一直想做的事情。将来的某个时候，当他们有时间时，他们会再去上钢琴课；将来的某个时候，他们会回到大学研究艺术史，学画画。但是，那个"某个时候"似乎永远不会到来。而且，当他们这样想的时候，年华逝去了。即使他们的工作很刺激，他们的人生也是单维的。他们的人生**只有**工作。这些人，将现在抵押给了将来（或者说，他们希望如此）。

有时，我们**想要**活在今天，但是觉得没有选择余地。也许，如果想要晋升，就不得不出一趟远差，即使这样意味着错过儿子的生日。或者是，如果想要提高销售业绩，就得做一次报告（而且要做得精彩），即使这样意味着不能观看女儿的网球比赛。无疑，这些选择都很难，尤其是如果不出差、不做报告就有失去工作的危险的话。但是去出差、做报告又有失去家庭的危险。孩子很快长大，离开我们。当我们意识到的时候，我们已经无法影响他们的人生了：他们会自己做决定，不用请教我们。如果孩子小的时候，我们很少陪伴他们，那么我们怎能对他们产生积极影响？他们怎么会记得我们？在我们的葬礼上，他们会说些什么（我们又想让他们说些什么）？

只有活在当下，充实的生活才有意义。我们太多人，没能活在当下。如果我们把所有的精力都用来计划未来，那么我们会失去现在拥有的东西。只有当时间所剩无几时我们才会全面认识到时间的重要性，于是痛心疾首。

对孩子的人生产生最大影响的人是父母，父母通过谆谆教诲和以身作则塑造孩子的性格和价值观。如果我们不在孩子的身边，我们怎么帮助他们成长为全面发展的人？如果我们老在办公室，我们怎么向他们灌输价值观？如果我们太忙而无法陪伴他们，我们怎么给他们留下宝贵的回忆？有意义的关系，不敢奢望所谓的优质时间，但是要保证起码的**相处**时间吧。

当今社会，组织对员工的要求一般很苛刻，为了保住人生当中真正重要的东西，我们需要牢牢守住界限。也许，有很多人会出来喊，在目前这个知识工人时代，员工根本没得选，只有调整自己适应环境。即使工作—生活平衡的想法很难实现，为了工作—生活平衡所付出的努力也会让你在日后获得回报。正如一句俏皮话所说的那样，没人在临死之前说"我应该花更多时间工作"。和家人共度特殊时刻，对幸福而言，是至关重要的。而且，能够回忆这些快乐时刻，就能再次享受人生。

外在成功对内在成功

阿尔伯特·爱因斯坦（Albert Einstein）也探讨过

平衡，他有个成功公式 A = X + Y + Z，其中 A 代表成功，X 代表工作，Y 代表玩耍，Z 代表闭嘴。就像弗洛伊德的爱和工作公式一样，爱因斯坦认为工作、玩耍、闭嘴是幸福的三个要素。

如果没有通过自己的努力获得成功，没人能够体会到真正的幸福。成功给人胜任感，让人觉得自己能够创造性地解决任何问题。对自己是否满意，取决于两种评价标准，一种是社会的成功标准，一种是自己的成功标准。换句话说，取决于同外在目标和内在目标进行比较。但是，成功实现某一目标或梦想并不能**保证**幸福。我们奋斗数月乃至数年之后，结果可能是失望。我们可能无法接受这种结果，陷入绝望，但是如果我们看开一点，就能升华，重新开启新的旅程——通往意义和幸福的旅程。

真正的幸福取决于从容应对内心的躁动感和焦虑感，这种躁动感和焦虑感源于认为自己所处的位置和想要达到的位置之间存在差距，也就是，实际成就和雄心壮志之间的比较。对我们很多人而言，这个差距都很大。事实是，我们**不可能**都是 CEO，我们**不可能**都是癌症疗法的发现者——而我们需要接受这一点。我们的成功不该用我们取得了什么成就来衡量，而是应该用我们克服了多少困难来衡量。前进途中的所有胜利，无论大小，我们都该庆祝。

我们很多人往往关注外在成功，我们将之等价为财富、地位、权力、名气；我们认为幸福在于**拥有**和**得到**。但是，追逐这些目标就像追逐彩虹，当我们到达后，看到的只是一层灰雾。真正的幸福取决于**内在成功**——充实生活的结果。玩耍和倾听（在爱因斯坦的公式里，就是闭嘴），是内在成功的关键，因为它们有助于我们获得珍贵的财富，比如友谊、爱情、仁慈、关心、善良、智慧。真正令人满足、让人幸福的成功不是刻意追求来的。因为通往真正成功的道路是人迹罕至的。

世俗意义上的外在成功不仅长久不了，而且十分危险。我坚持认为，当今社会人们痛苦的主要源头就是不屈不挠地追求外在成功。迷恋成功，会造成严重后果，因为它具有滚雪球效应：追求成功的人很少满足，不管他们爬得多高，**没有**什么成就能让他们长久满足。每当他们到达一级成功标准，他们又会重新定义更高的成功标准。他们曾经梦寐以求的薪水现在看起来似乎只能满足温饱。可以这样总结：将幸福等同于成功的人，永远不会成功得**足以**让自己幸福。他们就像西西弗斯（Sisyphus），没完没了地将巨石推向山顶。讽刺的是，西西弗斯唯一的幸福时刻可能就是巨石滚下山的时刻——那时，他不用推巨石，他有时间进行自我反思。但是，自我反思可能不是他最终想要的东西。因为，自我反思的最终结果应该是郁闷至极。

追求外在成功过程中内心的躁动和不满，毁了很多人。自相矛盾的是，幸福取决于**既满足于所拥有的又不因所没有的而不满**。这种满足感和非不满感是安适感的坚实基础。最幸福的人，往往是那些不强求自己得不到的东西的人，即安于现状的人。

第 7 章

客观看待事物

嫉妒之人无宁日。

——弗朗西丝·培根（Francis Bacon）

傻瓜只会令人不屑，不会遭人嫉妒。因为嫉妒是种表扬。

——约翰·盖伊（John Gay）

别人家的饭菜就是更香。

——马耳他谚语

幸福的一味重要材料就是比较，这味材料尽管必不可少，但是放得太多，也会毁掉整锅汤。下面看一看，比较是如何增强和减弱我们的幸福感的。

客观看待事物，时不时提醒自己生活毕竟没有那么糟，有助于增强幸福感。这种健康的心态，包括跟自己比（拿自己目前的状态和自己过去的更不如意的状态做比较）和跟别人比。例如，也许，车子坏了，想到现在有钱去修（要是搁在十年前，就不得不丢掉这辆破车），我们就会感恩。也许，要做手术，想到至少还有人牵着我们的手（不像隔壁形单影只的老人），我们就会感恩。换句话说，当我们觉得生活黯淡时，我们可以回想过去的困难日子，或者看看别人的悲惨境况，这样，我们就会觉得好受一点儿。想象一下生活会糟到什么程度，然后与实际的相对来说比较安逸的生活做比较——鼓舞士气常用的建设性方法——一般会让我们打起精神。

当然，人们既会向下比，也会向上比。生活并非**总是**好于从前，我们也并非**总是**比邻居薪水更高、头脑更聪明。但是，总体上，幸福的人更多地是向下比，而不是向上比。不管他们境况如何，他们都可以找到境况不如自己的人，这有助于他们认识到自己的境况实际上是多么好。他们学会了欣赏自己所拥有的，而不是觊觎别人所拥有的——他们可能很早就掌握了这门课程。也许是小时候，当他们抱怨自己在某方面不如其他孩子时，他们的父母会向他们指出谁谁谁的情况比他们糟糕多了。

不幸福的人，在评价自己的生活状况时，同样既会向下比，也会向上比，不过他们更多地是向上比。他们感到非常委屈，成天寻找老天对自己不公的证据。结果，他们选择比较对象时，就会出现偏差，专门挑那些过得比自己好的人，向上比。**为什么邻居的车比我的好？妹妹怎么有那么多钱度假？**偶尔关注过得比自己差的人，他们也会品味一下优越感，但是这种优越感所带来的"快乐"很快就会消退，取而代之的是嫉妒，他们嫉妒那些得到老天厚爱的人（他们认为别人过得好，是因为得到了老天的厚爱）。

固执地认为老天对自己不公的人，就会认为甲赢了意味着乙输了。他们把一切都看作零和游戏。不管他们追求什么——不管是爱情、权力还是金钱——他们总是能够找到看似超过自己的人，觉得那个人夺走了原本属于自己的东西。

我们所有人都有觉得不如别人的时候，特别是当我们拿自己同那些起点（地位、外貌、收入、权力等方面）比我们高的人相比时，于是百感交集。我们的挑战就是走出百感交集的状态。为了心理健康着想，重要的是不要向上比，不要觉得自己非常委屈。否则的话，嫉妒就会再次抬起它丑陋的脸孔，威胁着说要吞掉我们。

比较会渐变成嫉妒，让人类最坏的一面显现出来。伯特兰·罗素非常清楚这一点，他说"除非憎恨其他某个人、国家或者教义，否则很少有人觉得幸福"。但是，我们会问，这种情况下用**幸福**这个字眼是否合适。罗素还说："如果你渴望辉煌，你可能会嫉妒拿破仑（Napoleon），但是拿破仑嫉妒恺撒（Caesar），恺撒嫉妒亚历山大（Alexander），而亚历山大，我敢说，嫉妒大力神海格力斯（Hercules），一个虚构出来的家伙。"

正如我以前指出的那样，有些人看到别人受苦受难，会幸灾乐祸。这种人，还喜欢向上比，而向上比一般会引发嫉妒、敌意反应。但是，之所以有这种反应，原因不完全在于别人。正如作家赫尔曼·黑塞（Hermann Hesse）所观察到的那样："如果我们恨一个人，他令我们憎恨的地方也是我们自己的一部分。不存在于我们自我之中的，不会使我们烦扰。"因为赫尔曼·黑塞明白，嫉妒的人有着严重的自尊问题。更让他们不开心的是他们自己，而不是他们所嘲弄的人。

我怀疑是否有人从来不曾嫉妒过。所谓嫉妒，就是看到别人在某些方面（比如财富、权力、地位、爱情、美貌等）胜过自己时，心中痛苦、愤恨，并且想赶超过去。嫉妒是种普遍存在的感受，它能衍生一系列同样痛苦的感受：灰心、愤怒、自怜、贪婪、敌意、仇恨。出于嫉妒行事也许会暂时得到解脱，但是，这些消极情绪当中的任何一种随后都会引发主观烦恼。嫉妒和所有由嫉妒衍生的情绪，对己对人都是危险的，会囚禁沉湎于其中的人。

人们不会展示或者说出这种感受——无论如何不会**故意地**展示或者说出。嫉妒不好表现在台面上，我们宁愿藏着它或者将它伪装成超然。嫉妒尽管有积极的一面——可以让人努力缩小自己与他人的差距，也可以增强两性关系的稳定性——但是往往让人以眼还眼。结果呢？原本多灾多难的世界又多了一个昏了头的人。

圣·托马斯·阿奎那（St. Thomas Aquinas）把嫉妒列为七宗罪之一。《圣经》里满是有关嫉妒的故事。《旧约》（*Old Testament*）里的十诫包括："你不该觊觎。"文学作品中也有无数嫉妒的例子，其中最著名的一个也许就是约翰·米尔顿（John Milton）在《失乐园》（*Paradise Lost*）里刻画的撒旦（Satan）。在米尔顿的诗中，撒旦是个堕落天使，被嫉妒和报复啃啮着，策划了将人类逐出天堂的阴谋。很多国家的很多谚语也揭露了嫉妒的普遍性，例如：保加利亚谚语"别人的鸡蛋有两个蛋黄"；丹麦谚语"如果嫉妒是感冒，那么世界上所有人都病了"；瑞典人说"瑞典皇家嫉妒"（劝诫人们不要太显摆，免得遭人嫉妒）；很多国家还会说"高大罂粟花综合征"（这一表达说明，人们看到成功人士栽跟头时会幸灾乐祸）。

我所知道的有关嫉妒的故事中，最具有戏剧性的是俄罗斯的一个故事。有个农民，上帝能满足他任何愿望，但是有个条件，不论他想要什么，上帝给他一份，就会给他的邻居两份。想到不论自己得到什么，邻居所得到的都会超过自己，这个农民就觉得很难受。他仔细考虑之后，最终说："拿走我的一只眼睛吧。"小说家戈尔·维达尔（Gore Vidal）（在进行自我分析时）以十分嘲讽的语气揭示了这一点，"每当一位朋友取得成功，我自己就会死去一点点"。他还在别的地方说，"光自己成功是不够的，还得别人失败"。

有时，嫉妒被包装成（成功地伪装成）道德上的愤怒。我们习惯把自己当作正义的化身，批评那些在我们看来违反了某种道德规范的人，例如，公然抨击那些在还有很多人贫困不堪的世界里过着奢华张扬的生活的人。但是，这种正义感，往往掩盖着一种羡慕（比如，希望自己也能过上奢华张扬的生活）。当人们为别人的"卑劣行径"所困扰时，也许梦想着自己也能有这种"卑劣行径"。他们的愤怒所指向的，也许是自己身上的某样东西，自身的这样东西最让他们害怕。

美国很多电视传教士行为不检点，就证实了这一点。他们宣扬远离罪恶和贪婪，但是与此同时，他们逛妓院，滥用信徒捐款。辛克莱·刘易斯（Sinclair Lewis）的书《孽海痴魂》（*Elmer Gantry*）讲述了一个神棍的故事［那本书后来改编成电影，伯特兰·卡斯特（Burt Lancaster）以高超的演技诠释了这个角色］。他叫埃尔默·甘特利（Elmer Gantry），身材肥胖，非常贪婪，很会忽悠，专门坑蒙善良无知的人，利用机会混进了一个基督教堂，爬上了主神父的位子。这个

"神都敬畏"的男人，白天布道，讲述罪与罚，晚上则干着他白天唾弃的勾当。道德上的愤怒是萦绕着光环的嫉妒。用电影大师维托里奥·德·西卡（Vittorio de Sica）的话说就是，"道德上的愤怒在大多数情况下，百分之二是道德，百分之四十八是愤怒，百分之五十是嫉妒。"

安布鲁斯·比尔斯（Ambrose Bierce）在《魔鬼辞典》（*The Devil's Dictionary*）中，将幸福定义为"想到另一个人的悲惨遭遇而涌上心头的愉快感"，用诙谐的语气道破了嫉妒的破坏性。德语有个单词"Schadenfreude"，意思是建立在他人痛苦之上的快乐。但是，如果一个人把自己的快乐建立在他人的痛苦之上，这说明这个人的生活是什么样子？尽管他人的痛苦能带来短暂的愉快感，但是真正的幸福是不可能和嫉妒、怨恨、复仇心态共存的。如果一个人的心被嫉妒囚禁了，那么这个人就很难发挥自己的潜能，很难和别人建立连接，很难放松地玩耍，最终就是不幸福。

第8章

应对压力

不要做依赖别人、任人摆布的病人，要做自己灵魂的医生。

——伊壁鸠鲁

参加老鼠赛跑的问题是，即使赢了也还是老鼠。

——莉莉·汤普琳（Lily Tomlin）

心脏病发就表示你该放慢脚步。

——谚语

阿尔伯特·史怀哲（Albert Schweitzer）曾经说过，幸福就是身体健康并善于忘却烦恼。尽管他所说的"善于忘却烦恼"可能会招人反对——毕竟，谁愿意被人说自欺欺人呢？——但是身体健康无疑是重要的。身体不健康，我们不可能幸福。说一千道一万，身体状况强烈影响着（有些情况下，甚至决定）心理状况。根据许多压力研究者的说法，身体状况是幸福的强预测因子，尤其对上了年纪的人而言。自我首先是**身体**自我。身体不好时，思路都不清晰。结果，生病的时候，我们所想的、所说的都与疾病有关。我们所有人都见过句句话不离养生保健的人。

爱惜身体，可以比作明智地燃烧蜡烛。如果我们细心照料自己的蜡烛，它就可以长时间地燃烧。如果我们随意糟蹋它，它就会很快化作一缕青烟。不幸的是，我打过交道的经理人中，很多都有将蜡烛两头都点燃的习惯——易怒、具有 A 型人格。他们有很强的紧迫感，他们躁动不安、缺乏耐心、争强好胜，他们有很强的攻击性，随时可能暴跳如雷。这些行为是冠心病的主要风险因素。

你可能也认识我所说的那种人。他们就像跑轮上的老鼠，或者《爱丽丝梦游仙境》(*Alice in Wonderland*)中的白兔，总是匆匆忙忙，永远抵达不了终点。你认识这种人吗？(或许**你自己**就是这种人?)这种人上餐馆，吃得很快，说得很快，买单也很快。他们没有时间享受吃的过程，当然也不会细细品味红酒和咖啡。他们说话声音很大，有时甚至像爆竹。他们面部肌肉紧张。他们不擅倾听，老想主导谈话过程。因为他们总是处于压力之下(不管这种压力是来自外界，还是他们自己给的)，所以当他们试着放松时就会觉得内疚。实际上，只要有可能，他们就同时处理好几件事情。即使在夜里他们也不安宁。例如，他们也许在梦到压力情境时磨牙——这个习惯很受牙医欢迎。

身体健康，可以比作银行账户。但是，这不是一个普通的账户——只能取，不能存。有些人，有着大手大脚的习惯。他们像挥霍金钱一样挥霍健康，其实是在慢性自杀。只有当账户里所剩无几时，他们才意识到健康的重要性。

压力研究者有时区分生理年龄和时序年龄。有些人——点燃蜡烛两头的人，透支银行账户的人——生理年龄老于时序年龄。既然我们能在某种程度上控制生理年龄，那么我们就要慎重对待自己的身体——定期锻炼、注意饮食、饮酒适量、不沾香烟和毒品。

而且，我们需要记住，我们都会老去（不幸早逝的人除外），如果我们一生都能保持轻松、积极的心态的话，我们所谓的金色时光就会更加灿烂。有压力的人更容易生病。心理神经免疫学方面的研究表明，愉快体验和积极心态能够增强免疫力。似乎，当我们高兴时，我们的免疫系统能够更加有效地抵抗疾病。结果，越幸福的人越长寿。另一方面，担忧、愤怒、敌意、身体和情感上的孤独，不利于健康。消极心境会催生疾病。

当然，说到身体健康，所指的并非仅仅是养身保健。例如，有些人天生残疾或者患有先天疾病，有些人不幸罹患重大疾病；另外，还有很多人拿身体赌明天，醒悟过来时为时已晚。

美国有位幽默大师欧洛克（P. J. O'Rourke）曾经说过："有件事女人永远比不过男人，男人死得更早。"这句话除了能博人一笑之外，还能给人启迪：男人应该有些"女气"，比如，更感性一些，大多数人认为女人比男人更擅长体察他人心思、更擅长表达情感、更热衷亲昵行为。社会支持——来自家人、朋友、知己的帮助和关怀——能够缓冲压力、增强幸福感。有人说说知心话，可以缓解压力。最容易生病和不幸福的人（不管是男人还是女人）就是那些把所有问题都一个人扛、不能或者不愿倾诉自己烦恼的人。幸运的是，一心换一心。当我们向别人诉说我们的忧愁时，他们也会和我们分享他们的烦恼，这样我们就会明白自己并不孤独，别人也有类似的问题。对我们大多数人而言，这样互诉衷肠能够让内心平静下来。

统计数据表明，同没有伴侣的人、与伴侣关系不好的人相比，与伴侣关系好的人通常有着更健康的生活习惯。互相牵挂的两人，也会关注彼此的健康状况。与伴侣关系好的人，往往酒喝得少、烟抽得少、不沾毒品、饮食更规律，也遵从医生的嘱咐。

性生活也有助于抵抗压力。它能改善两性关系、强身健体。如果双方都对性生活满意，那么它能提高自尊、抵抗抑郁、增强免疫系统，从而提高抗压能力。相比之下，无爱之性，则对身体不利，也不会让人幸福。哲学家伊壁鸠鲁说过："投入感情的性爱，能够促进双方的融合、让生活更精彩。"

乐观心态也能缓冲压力，很早以前人们就知道这一事实了。在《旧约·箴言》一书里，所罗门王（King Solomon）说："喜乐的心乃是良药。"压力研究者同意这一点。笑是身心健康的重要成分。笑得多的人，确实活得长。记者诺曼·卡森斯（Norman Cousins）在其著作《解剖疾病》（*Anatomy of an Illness*）中阐释道，他之所以能够从一场致命疾病中恢复过来，是因为他会笑。幽默具有治疗作用。因为笑能降低血液中的压力激素（比如肾上腺素和去肾上腺素），让我们放松，让我们进入更加平静、更加稳定的状态。"笑一笑，十年少"，笑能活动筋骨，（就像积极心态一样）笑能增强免疫系统。

我们可以笑到忘怀，但是不能忘记笑。不会笑的人，一定有心理问题。因为笑代表着幸福，能够解忧，让艰难的日子不那么难以忍受。而能够自嘲是很好的迹象，说明我们不自负、不自大。实际上，能否自嘲是心理是否健康的很好指标。

定期锻炼对身心健康也很重要。锻炼之后，我们在身体上和心理上都会觉得好多了，放松多了。定期锻炼，能够降低压力水平，增强体力、耐力，强化心脏，促进血液循环，降低血压，加快新陈代谢，增强对致命疾病的抵抗力。而且，定期锻炼，也能降低抑郁和倦怠的可能性。有句老话说，"有健康的身体才有健康的心灵"。这话今天仍然是真理。我们认为自己病了，很多时候是心理问题。

第 9 章

游戏的人

只会用功不玩耍，聪明孩子也变傻。

——谚语

大人对待生活，就像孩子对待游戏。谁第一个出局，就会把自己的玩具扔掉。

——威廉·考珀（William Cowper）

为什么不冒险爬高枝？那上面不是有水果吗？

——弗兰克·斯库利（Frank Scully）

　　一个阳光明媚的下午，我走过艺术桥（Pont des Arts，巴黎塞纳河上的人行桥）。这座桥就像一个活动的蜂巢，传出奇特的嗡嗡声。兴奋和热情弥漫整片区域。桥上挤满了人，老的、少的，坐着的、站着的，甚至还有躺着的。他们所有人都在画画或者评论别人的画作。用爱说俏皮话的法国人的话说，这一事件可以叫作 "Faites de la peinture"，意思和 "来画画" 差不多，或者叫作 "Fête de la peinture" ——发音不变——意思是 "画画节"。看着这一幕，我可以看出所有在场的人都完全投入其中，认知上、情感上，以及感觉上。那就是 "玩耍"。玩耍的时候，我们忘了自己，内在世界和外在世界融为一体。我们就像变了一个人。我们卸下了生活的重担。玩耍的时候不分大人和小孩。桥上，通常情况下，大人、小孩各占一方，现在，他们之间的界限消失了。他们都在一起 "玩耍"。

　　爱因斯坦在他的幸福等式里指出了玩耍在生活当中的重要性，他说得对。玩耍与创造力密切相关，玩耍还有再生作用。会玩意味着兴趣广泛，能用非传统方法解决问题。有句谚语说："只会用功不玩耍，聪明孩子也变傻。"兴趣广泛的话，我们就会积累幸福的人生体验（以及回忆）。正如我早先提到的那样，研究显示，会玩的人往往更幸福。玩耍有助于我们换个角度看问题。真正的消遣（recreation）——把它想成再创造（re-creation）——能激发灵感，让我们更富创造力、工作效率更高、人际关系更和谐。

很多人不知道怎么打发闲暇时间，不知道怎么玩耍。我的一个领导力研讨班上有位经理人就是这种人。听他讲述自己的故事，让我想起迭戈·委拉兹开斯（Diego Velàzquez）（十七世纪最重要的西班牙画家之一）的一幅画，画的是西班牙王室的孩子，这些孩子看起来十分老成，不像孩子。这个经理人［下面称他为简（Jan）］好像就是从这幅画里走出来的一样。他两岁时，父亲去世，母亲忧伤过度。他和母亲相依为命，不得不过早地长大，扮演起本该由父亲扮演的角色。他成了母亲的知心人，尽力帮助母亲熬过那些黯淡的时刻，为母亲分忧。随着年纪的增长，简承担起越来越多的家庭责任。与此同时，他的童年也溜走了。就像委拉兹开斯画里的孩子一样，他从来没有机会玩耍，也没有机会幻想。

长大后，简拼命工作，成了非常成功的商人。他的同事和下属说他十分体贴，但是太严肃了。不幸的是，只有在办公室里，他才非常体贴；在家里，他和妻子、儿子都很疏远。这也许是因为他过去和母亲的情感卷入太深了，承担了太多不该在那个年龄承担的东西。他把抚养教导儿子的事情完全托付给妻子，对儿子很冷漠，以致儿子长大后，和他就像陌生人一样。当和儿子单独相处时，他觉得难受、不自在，不知道说些什么，手足无措。当我遇见他时——他年纪已经很大了——他想回到童年、尽兴地玩耍。

有些人——简就是其中一个——不知道怎样玩，另外一些人则玩过了头。但是，人生必须非此即彼吗？我不这么认为。当我们学会在做中玩、在玩中做时，我们就更可能幸福。人格健全的人不是一直工作。他们知道怎么笑，他们知道怎么玩，他们知道怎么和别人一起找乐子。

当我们玩耍的时候——即使在做中玩——我们就回到童年世界。我们再次体验到欣喜感、惊奇感、期待感——这些感受构成了婴儿的世界。我们觉得自己像小时候一样活泼、一样热情。我们进入幻想的世界、白日梦的世界、晚上梦到的世界，在这里，时间变得不再重要。

玩耍可以看成建设性的退化。（有些精神分析学家称之为造福自我的退化。）创造就发生在游戏世界，一个过渡性质的世界——介于虚构和现实之间的世界，介于泰迪熊和成年人责任之间的世界。这个世界充满直觉、自由联想、比喻意象、无边无际的想象，简言之，一个有着无限可能性的世界。这是一个发散思维的世界，发散思维通向连接和联想，而连接和联想与创意的产生有关。成年人进入这个游戏世界后，大脑里会不断冒出新想法，他们把这些想法付诸实践，予以检验，又从实践中获得启发，整合到原有想法中，这个过程不断循环下去。大脑就像降落伞：打开时，工作状态更佳。进入这种思维状态后，我们可以找到新方法，解决一直困扰我们的问题。当我们玩耍的时候，当我们做着非同一般的事情的时候，答案就会冒出来，常规思路下，答案是不会现身的。这种创造性思维的过程，特别是顿悟的瞬间，是令人非常幸福的。

因为玩耍对创造力和幸福相当重要，所以我们每个人都应评估自己玩耍的能力。工作中，我们质疑过那些一直被想当然的事情吗？办公室里有什么事情能让我们真正兴奋起来吗？工作之外，我们有什么爱好吗？我们参与过运用我们大脑其他部分的活动吗？我们时不时地展示自己疯狂的一面吗？我们做白日梦吗？我们在意自己晚上做的梦吗？这些问题，我们给出的肯定答案越多，说明我们的状况越好。用玩耍的心态对待工作职责能够培养创造力，而有些业余爱好和追求能改善我们的人生观、重振我们的精神（不管我们偏爱比较温和的活动，比如飞钓、看鸟、种花，还是比较刺激的活动，比如直升机滑雪）。

如果业余生活很单调，那么退休后我们就会觉得很难适应；当我们老了，身体不那么硬朗时，我们的选择余地就很小，很多事情都做不了。我见过很多一心只知工作的人，男的女的都有，他们退休之后就有很强的失落感。工作的时候，他们从不在办公室之外找乐子。他们的发展完全围绕着工作。当他们中年晚期离开工作岗位后，就会觉得被遗弃，觉得很孤独，没有方向，变得抑郁，也会表现出其他压力症状。有些人甚至过早地去世了；他们没有时间休闲，只能花时间生病。

人们在玩耍过程中体验到的成长，和探索需求有着密切的关系。探索需求是认知和学习的基础。发展心理学家罗伯特·怀特（Robert White）称这种需求为**能力动机**。刚出生的婴儿什么都不会，但是他们"天生"具有探索周围环境并想方设法影响操纵周围环境的能力。怀特（以及其他发展心理学家）把探索看作基本的动机需求，而探索行为的目的就是获得应

对环境的能力。探索过程中的成功能够带来效能感，
而效能感又能进一步显著增强自尊感。

出生后不久，这一探索动机需求就显现出来。儿
童观察研究报告说，新奇的事物，以及行为效果的发
现过程，能够刺激婴儿的大脑细胞，并且引起长时间
的注意力唤醒状态。整个成年期，如果有机会进行探
索，类似的反应还会继续出现。和探索需求密切相关
的是自我主张需求——也就是能够自己选择做什么的
需求。在探索—主张需求的驱动下玩耍式地探索操纵
环境，会产生效能感、能力感、自主感、主动感、勤
奋感。

理解这一基本动机需求，有助于我们认识到：学
习并非仅仅是为长大成人做准备，我们应该活到老学
到老。我们需要继续开发潜能、继续成长、继续发展
个性。一生之中不同时期，我们需要不断迎接新的挑
战和任务。

看看周围，我们会发现世界是不断变化的，时时

刻刻都有新的事情发生。在这个日新月异的世界里，有数不清的东西等着我们去发现。持续学习意味着满怀热情地投入生活：体会生活的跌宕起伏、酸甜苦辣、多姿多彩；运用嗅觉、味觉、触觉、听觉、视觉；培养审美情操；喜欢冒险。

我们在课堂上学到的东西固然重要，但是产生最大影响的往往是我们在**课外**学到的东西。实际上，很多东西是别人教不了的，这些东西需要在做中学——只有做过了，才能记住。实践知识的检索率比课堂知识的检索率高得多，因为生活中的关键事件会经常出现在回忆中。

智慧的悖论在于，我们越学习，就越发现自己是多么的无知。这并非坏事：知道自己懂得很少，是很重要的。实际上，我们应该珍视自己的无知，因为它是推动我们进行深入探索的动力。生活充实幸福的秘诀之一就是保持求知欲。但是，除了好奇和学习之外，我们还必须能够**反**学习；换句话说，我们必须打破常规，承担风险，另辟蹊径。正如经济学家约翰·梅纳德·凯恩斯（John Maynard Keynes）曾经说过的那样："世界上最大的困难不是接受新观念，而是忘却旧观念。"

所有的生活都是成长过程和变迁过程，人类的生活也不例外。我们需要持续不断地重塑自我。我们还需要试验。我们越这样做，越挑战自我和环境的极限，我们就发展得越好。有时，我们努力也会失败，那是肯定的。但是，暂时的挫折也是学习机会。不寻常的路，值得冒险一走。毕竟，我们之所以走不寻常的路，是为了摘取那条路上的果实。

如果我们本身没有兴趣，那么什么都没有意思。兴趣越广泛，就越有活力。认为自己可以不用再向别人学习的人是孤独的人。这种傲慢姿态会惹来大祸。就像持续学习能让我们保持年轻一样，停止学习会加速衰老。实际上，没有什么比不思考、不动脑让人老得更快的。很少有人的脑子是用坏的，大多数人的脑子是锈掉的。为了生存，我们需要保持求知欲，追求个人成长。

如果我们能够保留一份童真，坚持学习就不是那么难以做到。正如前面提到的那样，玩耍有助于我们把探索新环境看作探险。想象允许我们探索那片很少有成人涉足的广阔的未知领域，进而允许我们开发潜能。创造允许我们建设性地运用我们的想象力、随心所欲地运用记忆中的童年经验。最后，好奇给我们带来发现新事物的幸福时刻。往往，真正的挑战不是想出新答案而是提出新问题。不去探询，我们就永远不会知道。**为什么、怎么样**这两个词语用得再多也不过分。

　　学习的快乐还有助于我们成为更好的老师，而且有助于我们在教导他人的过程中了解自己。但是，重要的是，教会别人**如何**思考，而不是思考**什么**。随着年纪的增长，创建力（generativity）——愿意做别人的老师，真正地关心别人——变得越来越重要。看到曾经处于我们庇护之下的年轻人很有出息，我们会感到十分幸福；嫉妒下一代，则会让人不幸福。

　　弗朗索瓦·德·拉罗什富科曾经说过："人生当

中唯一永恒不变的是变化。"如果我们愿意学习，无处不在的变化就是我们的老师。实际上，既然墨守成规导致僵化和停滞，那么我们不只应该接受变化，而且应该寻求变化，打破常规，让自己和别人都大吃一惊。我们需要放下过去。我们需要不断尝试新东西。当我们设法走出一成不变的单调状态时，当我们设法在人生游戏中成为选手而非观众的时候，我们需要祝贺自己。八十岁的时候拥有三十岁的心态，好过三十岁的时候拥有八十岁的心态。活着会变老，对活着失去兴趣也会变老。

第 10 章

追求真诚

人心所愿之土，

美丽永不褪色，

衰退永不泛滥，

快乐在于智慧，

时间是无尽的歌。

——威廉·叶芝（William Yeats），

《人心所愿之土》

（*The Land of Heart's Desire*）

睿智，就是知道什么应该忽略。

——威廉·詹姆斯（William James）

人生的幸福在于思想的质量。

——马可·奥勒留（Marcus Aurelius）

　　追求幸福（以及处理人生所有变迁），重要的是做到真诚。真心诚意，做真实的自己，是有好报的。如果我们对自己都不诚心，我们怎能诚心对待别人？真诚意味着，愿意接受自己真实的样子，不企图伪装成另外的样子。真诚意味着，不仅相信自己的优点，也要面对自己的弱点，泰然接受自己的不完美。真诚也意味着，不把他人看作自己的延伸，而是把他人看作独立自主、值得尊重的个体。

　　当真诚植根于心中，它就会影响我们的所有品性，就像钻石打磨其他石头。如果我们是真诚的，那么我们就能赢得他人的信任，鼓舞身边的人，成为富有同理心的朋友和好的倾听者。关注他人（对他人表示真心诚意的关心），我们就可以成为他人的"情绪容器""安全港湾"，从而帮助他人应对冲突和焦虑。善待他人，我们就可以让自己变得慷慨又谦虚。对自己心平气和，我们才能帮助他人提高自我接纳水平。（如果我们内心**不**平静，我们怎能在别处找到平静，或者让别人平静？如果我们对自己缺乏信心，我们怎能鼓舞别人?)

诚是真诚的核心。如果我们是真诚的,那么我们就是可信的、可靠的,而且痛恨自己和他人的虚伪。实际上,是真诚让信任成为可能:只有信任自己,我们才能信任别人,进而建立有意义的关系。信任也让我们在艰难的处境下有勇气坚持下去,让我们继续忠于自己的价值观和信念。如果我们是真诚的,那么我们就能坚定不移、不屈不挠;就不会像墙头草,风吹两边倒。风平浪静时,谁都可以掌舵;只有在惊涛骇浪里,真正的舵手——真诚的人——才能凸显出来。因为逆境是良师,险境是自力更生的基石。

想要知道自己是否真诚,重要的是认识到,如果身处坦途、一帆风顺,我们可能就无法知道自己是否真诚。与成功相比,我们能从失败中学到更多的东西。征服过艰难,我们会更有信心面对未来的险阻。因为真诚,才有勇气——有勇气与众不同,而当我们身为少数派的时候,是最能看出我们是否具有勇气的时候。因为我们是社会动物，往往很难一意孤行。剧作家亨利克·易卜生（Henrik Ibsen）说过："世界上最强大的人，是那些总是特立独行的人。"诚然，我们所有人都有一意孤行的时候。当我们听从自己的内心、做自己认为正确的事情的时候，我们有时会惹恼我们宁愿去顺从的某些人。当结果证明我们坚信的东西其实是错误的时候，我们得鼓起勇气承认错误。真诚意味着，做我们真正相信的事情，从事与我们的需求、价值观、梦想相匹配的活动——简而言之，就是对我们有意义的活动。

寻求意义

西班牙诗人佩德罗·卡尔德隆·德·拉巴尔卡（Pedro Calderon de la Barca）曾经说过："即使在梦中，做善事也不是浪费。"在梦中追求善良，早晨醒来后我们仍然会回味无穷，想继续下去。真诚的人从日常生活中寻找意义感。只是活着，没有从所做的事情中找到意义，结果确实就是空虚的存在。我们需要超越无聊感、脱节感、梳理感——在这个物资丰富、生活便利的年代，这些感受经常出现。超越方式是，归属于某种更大的存在。

为人真诚与追求意义是形影不离的。只有当我们的个人活动与我们的价值观、承诺等自我概念要素是一致的时候，我们才能找到意义。只有在找到意义的时候，我们才能找到幸福。希腊词语"eudaimonia"（字面意思是"高昂的情绪"，前面指出过）通常翻译成"幸福"，但更恰当的译文实际上是"按照自己真实意愿行事时的感觉"。"eudaimonism"中的"daimon"——"精神"——指给我们的生活指引方向、激励我们制造意义的东西。

教育家海伦·凯勒（Helen Keller）曾经说过："很多人对什么构成真正的幸福抱有错误的想法。幸福不是从自我满足中得到的，而是对一个有价值的目标的执着追求。"她比大多数人都更明白这一点。婴儿时期得过一场大病之后，她变得又聋又哑。后来，在她自身的巨大努力下，在她的老师安妮·沙利文 (Anne Sullivan) 的帮助下（安妮·沙利文曾经失明过，后来恢复了部分视力），她学会了用盲文读写。长大后，她把所有的精力都用来帮助失聪的人以及失明的人。她写过很多书，其中很多被威廉·吉布森 (William Gibson) 改编成剧本，比如《苦海奇人》(*The Miracle Worker*)。这本书还获得了普利策奖，后来被制作成电影。海伦·凯勒在全世界巡回演讲，呼吁大家关注和自己一样经历过苦难的人。她的灵性、她的无私、她的勇气、她的毅力鼓舞了很多人，她的风度、她的同情、她的关怀也一样。这些特质对**她自己**也很有用，能够增强她的自我价值感，有助于她的心理健康。

我们大多数人都希望，别人回忆起我们时说"这个人竭尽所能地帮过我"。在我自己的人生旅程上（在给企业领导人提供咨询和辅导的过程中），我通过帮助他人充分开发潜能、充当他人心灵之旅的向导、鼓励他人发挥自己的长处面对自己的短处来寻求意义。我希望人们意识到，心理健康**源于自己的选择，不是别人赐予的**。我希望人们拥有自己的人生，不做被人操控的傀儡。我希望帮助人们在生活中实现有意义的平衡。我希望处于领导地位的人追求这些目标的时候，会给他们所经营的组织带来积极的影响。我希望能尽些微薄之力来创建具有以下特点的组织：在这样的组织里，人们能找到人生目标，觉得自己是完整的、是活着的，有机会学习和成长，相信自己能够有所作为。有时，我甚至斗胆希望，创建这样的组织——人人平等、唾弃不公的地方——能在某种程度上让世界变得更美好。(谁知道呢?)

我鼓励经理人创建我所说的"authentizotic"型组织，这个单词是我用两个希腊词语"ahthenteekos（真诚）"和"zoteekos（生命中不可或缺的）"合成的。对组织而言，"authenticity"意味着，组织的愿景、使命、文化、体制让员工觉得自己与组织很匹配。换句话说，组织能为在那里工作的人提供意义。

0

在组织背景下，"zoteekos" 意味着人们因为工作而充满活力。这个词语用于描述具有以下特点的组织：允许员工张扬个性，赋予员工效能感和胜任感，鼓励员工独立自主、积极主动、创新求变，弘扬企业家精神和艰苦奋斗的精神。在这样的组织里，人们一般会很幸福。

追求意义尽管必然涉及工作场所，但也并非局限于工作场所。正如我前面暗示的那样，我非常强烈地相信，当我们通过积极助人把幸福分享给别人时（这个一般不是在工作场所做的），我们的幸福感也会提升。我访谈过的所有从事志愿活动的人都报告说，当他们参加志愿服务项目时，幸福感会提升，而且觉得自己充满活力、精力十足。他们还报告说，志愿活动让他们的内心不再觉得空虚——内心空虚是很多人为极端个人主义付出的代价。当我们伸出手帮助别人时，当我们从个人主义者向乐于助人者转变时，我们是最幸福的。

自我中心是一种麻醉剂，用途是缓解由愚蠢导致的痛苦。自我中心也许确实能够止痛，但是不会让固守这种人生策略的举动不那么愚蠢。自恋的人和自私的人到最后只能孤孤单单、闷闷不乐。自我封闭的人，也就是那些在人际交往方面存在障碍、将自己与外界隔绝开来、很少或根本没有社交活动的人，是世界上最不幸福的人。

斯多葛学派哲学家伊壁鸠鲁说："所有的人都在寻找幸福的生活，但是很多人混淆了手段——比如，财富和地位——与幸福生活本身。把焦点错误地放在手段上，让人们离幸福生活越来越远。真正有价值的东西是构成幸福生活的德行，而不是看起来能够带来幸福生活的外在手段。"通过超越极端个人主义的利他行为来寻找意义，让很多人走到一起来，使他们觉得自己是人类社会的一部分，也让他们自我感觉良好。想想在"红十字会"、"世界经济论坛"以及"医学无国界"工作的人。这些人对工作的承诺感是别人难以企及的。他们有责任感、有教养、有风度，相信自己的努力能够让世界变得更好。他们的工作让他们深深地感到满足和幸福。

在人类寻求意义这个领域探索最广的人，是"意义疗法之父"维克多·弗兰克尔（Victor Frankl）。他在数个纳粹集中营关押过，在此期间发现，那些能熬过苦难存活下来的人，是那些能在人生之中找到意义的人。他认识到，同一般人群相比，在无论生死都始终心怀目标的狱友当中，冷漠和死亡发生的可能性更小。

弗兰克尔倾其一生宣扬人类的主要动机是寻找意义和目标。他认为，人们寻找的其实不是幸福，而是幸福的**理由**。人们如果能够充分利用所处境况找到意义，就能获得满足，即使所处境况十分黯淡。弗兰克尔还提出了一个概念，"悲剧的乐观主义（tragic optimism）"，这是一种化悲伤为力量的能力，一种不管境况有多糟也能寻求进步的能力，这种心态能让人具有责任感。

弗兰克尔说，没有意义，我们就是空虚的存在，我们就会遭受"深渊体验"的折磨，轻易放弃。为了心理的健康，我们需要觉得人生是有目标的，所做的事情是符合我们的价值观、信仰以及自我概念中其他重要东西的。这样，方向感和目标感，不管是什么形式，都有助于心理平衡。

周围的一切，我们都能从中找到意义。我们能在关系中、工作中、善行中和/或宗教信仰中发现意义。所有这些意义源都有一个共同点：愿意超越狭隘的利己主义，愿意归属于某种更大的存在。自私的人只关心自己的幸福、先为自己着想，而无私的人想为他人带去幸福，并把自己的幸福建立在这个基础之上。既然帮助别人能让人对自己、对这个世界感觉更加良好，那么利他行为可以重新定义为按照自己的利益行事——这是一个悖论！

很多人通过帮助别人来寻找人生意义，金融家乔治·索罗斯（George Soros）就是其中一个很好的例子。索罗斯出生于布达佩斯（Budapest）一个富有的犹太家庭，小时候的生活无忧无虑，但是随着纳粹入侵匈牙利，他的幸福童年结束了。为了避免被人抓进集中营，索罗斯一家不得不离开祖国。跟着家人被迫背井离乡的经历，给年幼的索罗斯留下了十分深刻的印象，在他余下的人生中留下了烙印。一家人搬到了伦敦，他在那里选择了哲学专业，打算成为一名哲学家，后来由于现实原因，他放弃了这一计划，加入了一家商业银行。不久，他建立了自己的投资基金，而且极其成功（持续盈利多年，直到最近才遇到一些问题）。索罗斯没有把挣来的钱捂在口袋里，而是拿出了很大一部分建立了一个慈善机构网。他的大部分善款都用于匈牙利乃至整个中欧。他在那里创立奖学金，提供科技援助，帮助学校和企业进行现代化改革。他寻找人生意义的方式，就是在这些国家建立稳定的民主制度。

了解自己

真诚和意义不是天赋，而是挣来的；经历过艰难困苦，并从中学习，才会获得真诚和意义。有句话说："不犯错，就不能积累经验；没经验，就没有智慧。"智慧通常见于那些经历过重大挫折然后重新站起来的人身上。法国小说家马塞尔·普鲁斯特（Marcel Proust）写道："智慧不是外界赋予我们的，智慧只有靠我们自己去获得，在经过一段无人能替我们走、无人能为我们分担的旅程之后。"失败和痛苦为洞察铺路，错误是稚嫩和智慧之间的桥梁。失败是智慧的基石、真诚的材料。失败遗留下来的记忆是自我反思的催化剂。

这里讲一个故事。古时候，一个佛学造诣很深的年轻人，听说某个寺庙里有位德高望重的老禅师，便去拜访。老禅师的徒弟接待他时，他态度傲慢，心想：我是佛学造诣很深的人，你算老几？后来老禅师十分恭敬地接待了他，并为他沏茶。可在倒水时，明明杯子已经满了，老禅师还不停地倒。他不解地问："大师，为什么杯子已经满了，还要往里倒？"大师说："你的心就像这个杯子，已经爆满了，装不下任何

新东西了。我什么也不能教你。走吧。等你的心腾出
一些地方后，再来吧。"自恋的人很少有自知之明。
为了获得自知之明和智慧，我们需要有开放的心态，
愿意尝试新东西。正如《圣经》里的一句话所说的那
样："经验是智慧之母。"

　　为人真诚、制造意义、拥有智慧，三者密切相
关、互为基础、互相促进。三者都聚焦于我们的存在
之旅，如果我们想要理解我们的人生到底是什么，我
们得审视自己，尽管这一过程可能很痛苦。愿意审视
自己，是获得智慧的必要条件。正如希腊戏剧家埃斯
库罗斯（Aeschylus）所说的那样："智慧源于苦难。"
只有理解了我们自身令人不快的那部分，我们才能远
离并且克服我们阴暗的一面。智慧不仅源于经验，而
且源于对经验的思考。希腊古都德尔菲（Delphi）的
阿波罗神庙（Apollo）的大门上写着"了解你自己"，
这句话今天仍然很有深意。

　　智慧意味着个体功能和人际功能高度发展。精神
分析大师埃里克·埃里克森（Erik Erikson）把智慧与

正直、传承（generativity，愿意关心他人）联系到一起。他将人生划分成不同阶段，每个阶段有着不同的挑战，挑战的级别越来越高，成功应对每个阶段的挑战之后，个体就会获得构成智慧的核心心理品质。在埃里克森的理论里，智慧意味着关心他人的幸福、认可人际差异、容忍模糊性、接受世事的不确定性。我认为，智慧还意味着同理心、情绪调节能力、倾听理解他人的能力、判断力、接受他人劝告的能力。最后，智慧还意味着掌握管理人生、制造意义的策略，意味着知道人生的责任和目标，意味着一定程度上理解人的境况。但是，最后，正如伊壁鸠鲁提醒我们的一样，智慧源于行动，而非空谈。

接受自我、接受自己的过去，并非总是那么容易。我们所有人都擅长欺骗自己，这种防御机制给我们的自我探索之旅造成很多障碍。我们需要克服这些障碍，只有克服这些障碍、了解自己，我们才能真正地自由、真正地活着。理解内心世界，是征服外在世界——从而获得智慧——的关键。只有全面地了解自己，我们才能准确地判断别人。

那么，我们要怎样了解自己呢？过去，宗教在社会生活中占有非常重要的地位，人们大部分时间都在教堂度过。祷告让他们有机会反思评判自己的人生。今天，人们不再那么频繁地参加按部就班的宗教活动，尽管今天静思对我们而言和过去一样重要。我们都需要时间进行自我更新和自我反思。为了个人成长，我们都需要时间独处，以审视自己所做的事情，思考什么对我们而言是正确的、好的。我们需要时间凝视自己的优点和缺点，我们需要时间发挥想象力，我们需要时间做梦。

单靠自己并非总能达到自我反思的目的。为了进行自我反思，我们也许需要专业帮助。我们也许需要咨询某个人，让其倾听我们的想法和幻想，帮助我们解梦（包括白日梦），当我们陷入恶性循环时把我们拉出来，帮助我们看到过去和现在之间的关键联系，指引我们走向更加美好的未来。这种谈话通常令人不舒服，因为它需要我们彻底向别人敞开心扉，而这需要极大的信任。但是，找一个人陪着我们走过自我发现之旅，对我们的个人成长大有裨益，能帮助我们看到更多的可能性，还能阻止我们犯下追悔莫及的错误。

很多缺乏勇气进行自我探索的人，会采取某些心理学家所说的"躁型防御"策略。他们从自我发现之旅中逃跑了，而且是不停地跑。他们患有"疲于奔命症"，自欺欺人地认为行动等于幸福。他们担心，一旦自己停下来，就会看到自己人生的空虚。人生苦短，可是这些人却把时间浪费在不得要领的行动上。他们为什么要跑？他们要跑向哪里？正如圣雄甘地曾经说过的那样："生活不仅仅是匆匆赶路。"那些依赖躁型防御策略的人，大半辈子都在他们还不清楚人生是什么、人生意味着什么的情况下逝去了。

除非我们愿意放弃幸福，否则我们需要追求智慧、拒绝成为疲于奔命症的牺牲品。有的人发现，人生就是你在忙于制订别的计划时所发生的一切。这种人很不幸，我们不想成为其中之一。我们需要思考什么东西对我们而言是最重要的，并据此将生活中的事情排个轻重缓急。如果我们选择做自己真正喜欢做的事情、尽可能活得充实，那么我们距离幸福就不远了。

闻闻花香

寻找幸福的旅程并没有到站之说，并不是达到某个地方之后，心中就溢满幸福。当我们达到终点时，不会出现奇迹，因为**根本就没有终点**，总有下一站。**幸福在我们的旅途之中。**

这里，再讲一个禅理故事。有个女人听说一个遥远的地方有一个神奇的峡谷，那里满是美丽的花朵。她决定找到这个地方，亲眼看一看。她启程时满怀希望，但是没有想到旅程竟然那么长。几天过去了，几周过去了，几月过去了，几年过去了。最后，她来到一片森林旁，快虚脱了。她看到有个老人靠着一棵树,于是问道:"老人家,我在找一个满是美丽花朵的神奇峡谷,我已经找了很长时间,自己都记不清找了多久。您能告诉我还要走多远吗?"老人回答说:"峡谷正在你的身后,你没有注意到吗?你走过了。"

正如这篇寓言所阐释的那样,重要的是关注旅行的过程、沿途的风景、同行的旅伴而不是目的地。我们需要享受旅程而不是焦躁地计算自己走过了多少公里。很多人忙于爬梯子,结果却发现梯子靠错了墙。我们需要享受生活中的小事,因为小事往往最后会变成大事。

苏格拉底(Socrates)曾经说过,未经审视的人生不值得过。同样,我们可以说,未过的人生不值得审视。如果我们确实想要追求幸福,那么我们就不能白活,我们需要珍视每时每刻。引用哲学家兼皇帝马可·奥勒留的一句话:"人不该惧怕死亡,而该担心自己从未活过。"时候已经不早了!

译后感

　　说实在的，看到作者写"幸福"这个话题，我挺佩服的。就像一千个人心中有一千个哈姆雷特一样，何谓幸福，一千个人会有一千种答案，也许是家庭美满、事业有成，也许是无拘无束、心遂所愿，也许是无欲无求、没有烦恼……诚然，幸福是个难以定义的话题，但是幸福是人类的永恒追求之一，作者认为这个话题"多少澄清一些好过完全避而不谈"。

　　作者不仅探讨"幸福"，还试图给出"幸福秘方"。教人如何获得幸福，可能吃力不讨好。每个人的处境不一样，不设身处地给人提建议，可能会被怼一句"站着说话不腰疼"或"饱汉不知饿汉饥"。而写书，不像做个体咨询，是不可能跟读者进行一对一的交流的。另外，作者写的不是网文，可能在写作过程中连

139

与读者交流的机会都没有。因此，只能泛泛而谈。

但是，有句话广为流传，那就是"幸福的人都是一样的，不幸的人各有各的不幸"。这说明，大家对幸福的理解，也有很多的共通之处。另外，心理学、社会学、经济学等学科那么多有关幸福的研究，多多少少揭示了一些普适法则。把这些共通之处、普适法则整理、总结，展示给大家，多少有助于大家追求幸福。

作者具有世界知名大学经济学学位和商学位，是领导力发展临床教授，还是精神分析师。他在多所大学执教过，在很多管理机构讲过课，为名企办过经理人发展研讨会，还在一些公司担任组织设计/转型和战略人力资源顾问。另外，他是一个非常懂得生活的人，闲暇时常到世界各地徒步、探险，或者参加其他刺激的运动项目。广博的学识、丰富的阅历，凝结成了很多有价值的思想。而且，作者用一种不那么学术的方法来阐述这些思想，即"不大量引用科学研究，而是说得相对通俗"，大大提高了这本书的可读性。不妨读一读吧，其中总会有一点触动你！

曼弗雷德管理思想经典文库

乘坐领导力的过山车：
日常工作中的领导力心理学

ISBN：978-7-5207-0772-5
定价：68.00 元

领导力童话：
领导力的五个致命危险

ISBN：978-7-5207-0771-8
定价：58.00 元

领导者、傻瓜和骗子：
曼弗雷德谈领导力心理学

ISBN：978-7-5207-0773-2
定价：68.00 元

领导者是天生的吗：
亚历山大大帝领导力案例研究

ISBN：978-7-5207-0807-4
定价：58.00 元

神经质组织：
引领组织变革的成功之道

ISBN：978-7-5060-9398-9
定价：68.00 元

幸福等式：
幸福与成功沉思录

ISBN：978-7-5207-0719-0
定价：58.00 元

正念领导力：
洞悉人心的管理秘诀

ISBN：978-7-5060-8989-0
定价：49.90 元

性、金钱、幸福与死亡
（精装版）

ISBN：978-7-5060-9148-0
定价：55.00 元

性格与领导力反思

ISBN：978-7-5060-8299-0
定价：49.90 元

领导力与职业生涯反思

ISBN：978-7-5060-8300-3
定价：49.90 元

组织的反思

ISBN：978-7-5060-9399-6
定价：58.00 元

恐惧领导力：
在阁楼里发现夏卡·祖鲁

ISBN：978-7-5060-9389-7
定价：68.00 元

刺猬效应：
打造高绩效团队的秘诀（精装版）

ISBN：978-7-5060-9649-2
定价：68.00 元

有毒的管理者：
高管教练的挑战

ISBN：978-7-5207-0774-9
定价：58.00 元

领导力的奇境历险：
日常生活中的领导力心理学

2019 年 10 月出版